火力発電所の運転と効率向上・試験

千葉 幸 著

「d-book」シリーズ

http：//euclid.d-book.co.jp/

電気書院

目　次

1　火力発電所の運転

1・1　運用計画 …………………………………………………………………… 1
1・2　始動・停止および負荷運転 ………………………………………………… 1
1・3　貫流ボイラの始動 …………………………………………………………… 8
1・4　日常運転 ……………………………………………………………………… 9

2　火力発電所の特殊運転

2・1　DSS運転 ……………………………………………………………………… 11
2・2　変圧運転 ……………………………………………………………………… 12
2・3　異周波数運転 ………………………………………………………………… 13
2・4　最低出力運転と急速始動 …………………………………………………… 14
2・5　全周噴射始動 ………………………………………………………………… 17
2・6　進相運転 ……………………………………………………………………… 17
2・7　所内単独運転 ………………………………………………………………… 17

3　火力発電所のAFC運転

3・1　火力発電所の周波数制御 …………………………………………………… 20
3・2　周波数制御の分担 …………………………………………………………… 20
3・3　火力発電所用AFCとその採用に対して考慮すべき点 ………………… 21
3・4　火力発電ユニットの負荷変動限界 ………………………………………… 22

4　火力発電所の保守

4・1　点検保修計画 ………………………………………………………………… 24
4・2　定期点検 ……………………………………………………………………… 24
4・3　保守一般 ……………………………………………………………………… 25

5 故障と対策

- 5·1 周波数低下 …………………………………………………………… 26
- 5·2 タービン発電機の振動 ………………………………………………… 27
- 5·3 微粉炭装置の爆発 ……………………………………………………… 29
- 5·4 補機のトリップ ………………………………………………………… 29
- 5·5 保安用補機 ……………………………………………………………… 30
- 5·6 タービン非常停止事故 ………………………………………………… 32
- 5·7 火災事故 ………………………………………………………………… 32
- 5·8 その他の事故 …………………………………………………………… 34

6 火力発電所の熱効率と計算

- 6·1 火力発電所の熱効率 …………………………………………………… 35
- 6·2 効率の概数値 …………………………………………………………… 37
- 6·3 蒸気消費率・熱消費率・燃料消費率 ………………………………… 39

7 熱効率向上に対する技術的問題

- 7·1 設計熱効率 ……………………………………………………………… 44
- 7·2 熱効率に影響する諸因子 ……………………………………………… 44
- 7·3 熱効率向上のため設計上考慮すべき点 ……………………………… 47

8 既設発電所の熱効率向上策

- 8·1 発電所の熱効率の検討方法 …………………………………………… 49
- 8·2 熱効率向上に対する諸問題 …………………………………………… 50
- 8·3 変圧運転 ………………………………………………………………… 51

9 熱管理と熱勘定

- 9·1 熱勘定と線図 …………………………………………………………… 53

10　火力発電所の試験

10・1　火力発電所の試験の種類 …………………………………… 57
10・2　ボイラ・タービンおよびその付属設備に対する検査・試験 ………… 57
10・3　電気関係の検査・試験 …………………………………… 63

11　火力発電所の性能向上と今後

11・1　ユニット容量の変遷 …………………………………… 71
11・2　蒸気条件の変遷 …………………………………… 72
11・3　熱効率の変遷 …………………………………… 72
11・4　火力発電所の今後 …………………………………… 73

演習問題　　78

1 火力発電所の運転

1・1 運用計画

長期運用計画　　電気事業者は給電指令所で供給区域の予想需要に対して水火力の**長期運用計画**を立て，火力発電所用の燃料所要量を推定し，かつ電力需給に支障をきたさないように火力設備の点検保修計画を決定する．この計画は天候，経済状態，需要の変動などによって変更を生ずるため逐次修正されるけれども，この計画の根本においては大きい改変がないため，火力発電所の燃料準備や保修点検はこのような計画にもとづいて実施される．

　火力発電所の運転準備も同様に，日々たてられる需給予想にもとづいて行われる．すなわち翌日の負荷を予想して，火力発電所の運転予想，あるいは時間ごとの出力，すなわち併入・解列時間，最大キロワットを各発電所に通告する．

負荷配分　　各発電所ではこの指令にもとづいて所定の時刻に所要のキロワットが供給できるように準備して運転に入れる．このような各発電所に対する**負荷配分**およびボイラ，タービンの運転台数の決定は原則的には総合経費がもっとも低廉となるように行われる．また発電所内で数機を並列使用する場合の各機間の負荷配分も同様の経済的見地から決定される．

1・2 始動・停止および負荷運転

火力発電所の運転は，水力に比べていろいろ制約をうける．すなわち
(1) 始動停止とくに始動に時間がかかる．
(2) 負荷変化速度が小さくおさえられている．
(3) 低負荷での連続運転が困難．
(4) 特定周波数以外では運転ができない．

これは火力発電所の宿命的な問題であるが，このような制約は給電運用上好ましいことではない．とくに始動や負荷変更に対して比較的長時間を要するのは，熱によるひずみ，応力，さらにこれらが原因となって生ずる振動・き裂・接触・摩耗，その他の悪影響がおきないようにして設備の寿命を長く保ち，安全に運転することが必要なためである．

　各電力会社，あるいは各発電所ごとに発電所機器の運転要領，操作規程などが定

1　火力発電所の運転

められていて，効率よく，しかも安全な操作が行われように考慮されるのが普通である．したがって運転にあたってはこれを遵守すればよい．

始動パターン

(1) **始動パターン**

ユニットの始動パターンは，ユニット停止から始動までの時間によって，概略，次のパターンに分けられる．

(1) 冷機始動　　定期点検等の長期停止後に始動する場合．

週末停止始動 (WSS)

(2) 週末停止始動（WSS：Weekly Start and Stop）　　運用上，週末は電力需要が少ないことから，ユニットを週末に停止し，週明けの電力需要増加に対応するために始動する場合で，停止時間は約12～36時間程度である．そのスケジュールの一例を図1・1に示す．

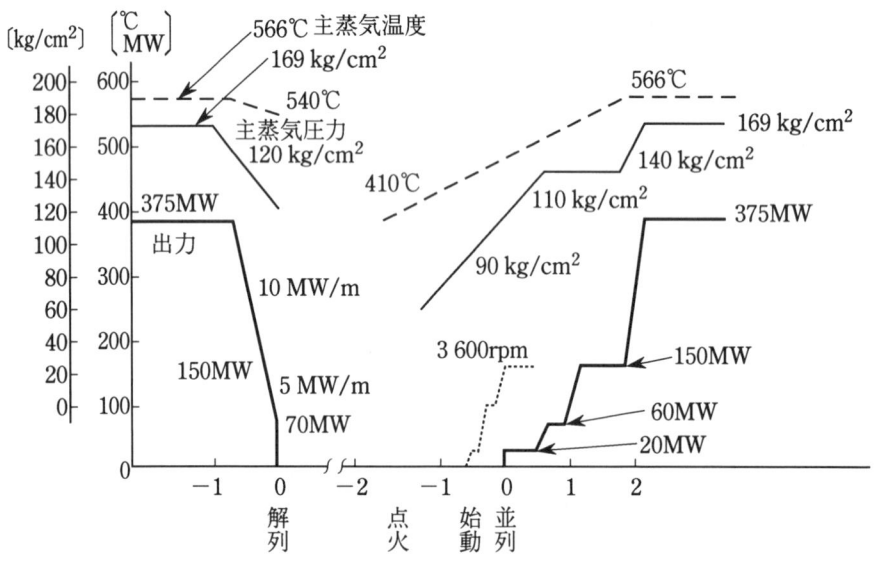

図1・1　週末停止始動スケジュール

深夜停止始動 (DSS)

(3) 深夜停止始動（DSS：Daily Start and Stop）　　昼間と夜間の電力需要格差に対応するため，深夜に停止し翌朝始動する場合で，停止時間は約6～12時間程度である．そのスケジュールの一例を図1・2に示す．

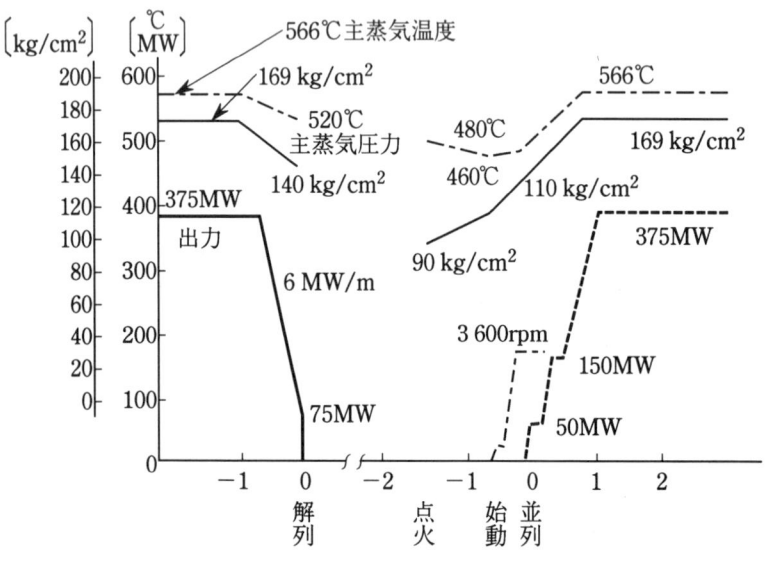

図1・2　深夜停止始動スケジュール

1·2 始動・停止および負荷運転

　この深夜停止始動は，原子力や大容量火力等のベースロードユニットの増加によって，電力系統の高効率運用をはかる見地から，その必要性は高い．

急速始動　(4) 急速始動　系統事故時の波及または電源制御などによるユニット短時間停止（概ね6時間未満）後に再始動する場合で，通常，ベリーホット始動と呼ばれている．

　以下に一般的なプラントの始動・停止について，ボイラ・タービン・発電機別に説明する．

(2) ボイラ関係

　火力発電所では燃焼方式によってボイラの運転方法がいくらか相違するが，ここでは微粉炭ボイラの場合について述べる．

始動準備　**(a) 始動準備**

(1) 補機および本体の全般にわたり入念に点検し，補機は潤滑油の確認をして必要なものには冷却水を通す．また必要に応じて試運転を行う．

(2) 微粉炭装置の点検

(3) ボイラ胴，過熱器などの空気弁を開放する．

(4) 過熱器のドレン弁を開く．

(5) ABC（自動ボイラ制御装置）のコンプレッサを始動する．

(6) 灰出装置の点検

(7) 集塵器およびシンダーホッパのロータリゲートの点検

(8) ボイラ胴の水面計ゲージに規準水面よりやや低く水位の現れる程度に給水する．

(9) 軽油ポンプおよび重油ポンプを始動して配管系統を循環させる．重油は加熱器を通して80〜90℃に加熱する．

始　動　**(b) 始　動**

(1) 灰流ポンプを始動し，ボイラ底部のクリンカホッパに水を入れる．

(2) 始動は保安装置によってインタロックされている順序に従って行う．

(3) 吸込通風機ならびに押込通風機を始動し，火炉ドラフトを平衡通風では$-10mmH_2O$程度に，強圧通風では$+140〜200mmH_2O$ぐらいとする．

(4) 点火用バーナを点火し，炉内が適当な温度になれば重油バーナに点火する．燃焼が安定すれば点火用バーナを消す．

(5) バーナの数は蒸気圧力と各部温度に注意しながら増加してゆく．（蒸気温度の上昇のしかたは50〜60℃/h程度）

(6) ボイラ胴圧力2〜4kg/cm^{2}ぐらいで空気弁を閉める．

(7) 昇圧中は節炭器内の温度に注意し蒸発を防ぐよう必要に応じてわずかに給水する．

(8) ボイラ水の膨脹による水位の上昇および蒸発による下降に応じて，ブローまたは給水し水面計の視界内に水位があるようにする．

(9) 蒸気圧力が25kg/cm^{2}前後になれば，タービンに送気する．この場合にはボイラ主止め弁のドレン弁およびバイパス弁を開いて主蒸気管のウォーミングを行い，前後の圧力が同じになれば主止め弁を開く．蒸気圧力が50kg/cm^{2}ぐらいでタービンを始動する．

1　火力発電所の運転

(10) 蒸気圧力が正規の圧力になり，タービンも正規の回転になれば蒸気温度を調べ，正規の温度になっていれば過熱器出口のドレン弁を閉める．

(11) 微粉炭機を使用する場合は，その使用時期を予測してウォーミングを行い，ウォーミング完了後に点火用バーナを点火して着火させる．また灰流ポンプは常時運転するとともに，各部のロータリダンパを始動して灰出しを行う．

負荷運転　(c) **負荷運転**

(1) 負荷の増加に応じて蒸気圧力を一定に保つように燃料（微粉炭機台数あるいは重油量），風量などを調整する．また給水ポンプの台数を増加する．

(2) 負荷が安定すればABCを自動に入れる．

(3) 負荷運転中は蒸気温度，各部ガス温度，ドラフトなどが標準値になっているかどうかを常に注意する．

(4) クリンカホッパからの灰出しおよびすす吹きを適時実施する．

(5) ボイラ水処理のため薬液を注入する．

(6) 各部の潤滑油，冷却水の点検をするとともに軸受温度，音響に注意する．

(7) ABCの動作が円滑であるかどうかを確認する．

(8) 適時パトロールを実施する．

停　止　(d) **停　止**

(1) ABCを必要な時期に手動に切換える．

(2) 発電機の負荷減少とともに微粉炭機の運転台数を減少させる．この場合に火炎の状態が不安定なときは専用の点火用バーナに点火して炉内を安定にする．

(3) 負荷の減少に対して給水ポンプが台数を減じ，給水加減弁を手動にする．

(4) 発電機が無負荷になる少し前に消火する．各補機は停止前に手動に切換えてから停止する．

(5) 押込通風機，吸込通風機は消火後10分間ぐらいは運転し，消火後も当分は火炉ドラフトはわずかに負圧を保つようにする．

(6) ボイラ胴の水位は必ず水面計視界範囲内に維持する．給水の必要がなくなれば給水ポンプを停止する．

(7) タービンが停止し，各部に蒸気を使用する必要のないことを確かめた後，ボイラの主止め弁を閉める．

(8) ボイラが完全停止してから各部のダンパを閉め，各補機の軸受冷却水を止め，すべての装置をつぎの始動態勢に直しておく．

(3) **タービン関係**

始動準備　(a) **始動準備**

(1) ターニングギアを始動前，少なくとも1時間前に始動する．

(2) 主止め弁閉鎖，ドレン弁開を確認する．

(3) 真空破壊装置を閉止する．

(4) 冷却水ポンプを始動する．

送　気　(b) **送　気**

(1) 復水ポンプを始動する．

(2) 始動用空気抽出器の蒸気弁をわずかに開いて空気抽出器管内ドレンを抜く．

(3) 高圧側グランドに蒸気を入れ圧力を規定値に調整し，低圧側グランドには封

1·2 始動・停止および負荷運転

水を送る．

　(4) 始動用空気抽出器を始動する．
　(5) 始動用補助油ポンプを始動する．
　(6) ターニングギア用補助油ポンプを停止して自動にする．
　(7) 真空トリップのラッチを起し過速度トリップ機構をリセットする．

始　動　(c) **始　動**

　(1) 主止め弁を少し開きターニングギア速度をわずか上回る速度で翼車を加速するように通気する．
　(2) 主止め弁を徐々に開き，400～600rpmに増速する．
　(3) ドレンの排除が十分であることを確かめ圧力部よりドレン弁を閉止する．
　(4) タービン監視計器の読みが安全限界内にあるのを確認のうえ，主止め弁を開いて増速する．臨界速度付近は少し早目に増速する．
　(5) 真空約500mmHgで主空気抽出器を始動し，始動用空気抽出器を停止する．
　(6) 正規回転の70％ぐらいで高低圧両グランドへの封水量を適当に加減する．
　(7) 主油ポンプ圧力が規定油圧になれば補助油ポンプを停止する．
　(8) 定速になれば中央制御室に連絡をとり，発電機を併入する．

負荷運転　(d) **負荷運転**

　(1) 各種計器および記録計に注意して正常値からはずれているかどうかを監視する．
　(2) 各部の油，蒸気，水の漏れに注意する．
　(3) 油冷却器の温度を調整する．

停　止　(e) **停　止**

(1) 発電機が解列すれば，手動で危急遮断装置を動作させる．
(2) 主止め弁を閉める．
(3) ドレン弁を開く．
(4) 補助油ポンプの始動を確認する．
(5) 空気抽出器を停止する．
(6) ロータの回転が停止すれば補助油ポンプを停止する．
(7) 油冷却器の温度が40～45℃になるように冷却水量を調節する．
(8) グランド蒸気を停止する．
(9) 復水ポンプ，冷却水ポンプを停止する．
(10) ロータの完全停止後ただちにターニングギアをかみ合わせ，ターニングを開始する．

　(4) **発電機関係**

始動準備　(a) **始動準備**

　(1) 各開閉装置，継電器類の動作状況を点検し，各部の絶縁測定を行う．
　(2) 発電機水素シール油系統が正常であるかどうかを点検し，発電機中の水素圧力が規定値で水素系統が正常であることを確認する．
　(3) 発電機スリップリングおよび励磁機ブラシを点検する．
　(4) 制御用電源の確認および各計器が動作できる状態にあること，ならびに警報回路の点検を行う．

(5) 調速機モータおよび界磁抵抗器用モータの動作を確認したのち始動前の状態にしておく．

　(6) AVR（自動電圧調整器）は切離しておく．

　(7) 各ロックアウトリレーが設定してあることを確認する．

始動　(b) **始　動**

　(1) 規定回転数近くになれば界磁遮断器を入れて発電機電圧を発生させる．

　(2) 調速機モータを操作してタービン速度を調整するとともに，界磁を調整して発電機の電圧と周波数とを線路側のそれに近づけて同期検定器をいかす．

　(3) 同期検定器指針の回転速度がきわめて遅くなったときに併列用遮断器の投入時間を見込んで，これの閉路されるときが完全な同期点となるように併列する．

　(4) 併入が完了すれば力率を進みにしないように注意しながら負荷をかけ，併入を関係各所に連絡する．

　(5) ボイラの蒸気圧力が落着くのを見計らって徐々に負荷をかけ，所内電力を始動変圧器から所内変圧器に切換える．

　(6) AVRはなるべく早目に使用する．

負荷運転　(c) **負荷運転**

　(1) 指示された状態で運転するとともに各機器が常に定格値以内であるかどうかを監視する．

　(2) 発電機各部の温度に注意する．

　(3) 水素圧，純度に注意する．

　(4) 発電機，励磁機関係のブラシに注意する．

　(5) 各所をパトロールし，各補機，開閉器類の状態を点検する．

停止　(d) **停　止**

　(1) 給電指令所および所内各所と連絡のうえ，負荷制限器をはずして負荷を下げる．このとき調速機の操作とともに界磁の制御も行う．

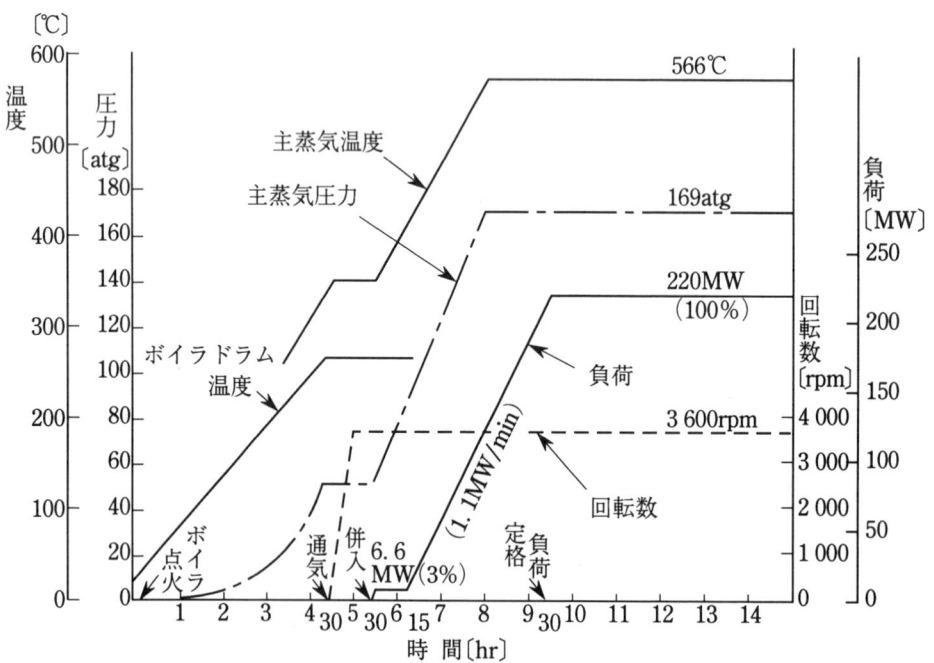

図1・3　コールドステート始動曲線（220MW再熱式，停止8時間後）

1·2 始動・停止および負荷運転

(2) 所内負荷を所内変圧器より始動変圧器に切換える．
(3) 発電機無負荷となれば解列し，各所に連絡する．
(4) AVRは切離し，手動で発電機電圧を下げタービンの回転数が下がれば界磁遮断器を切る．

ホットステート始動曲線

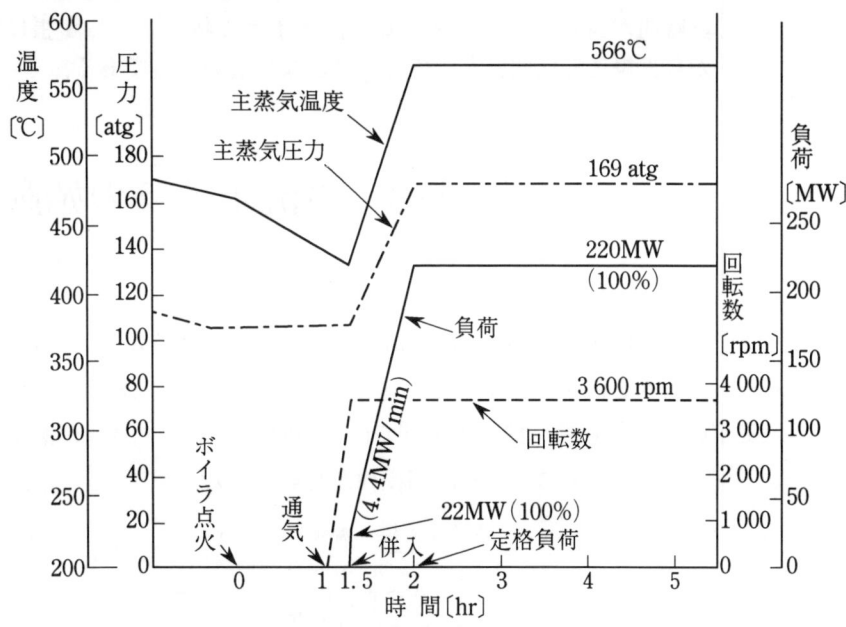

図1·4 ホットステート始動曲線（220MW 再熱式，停止8時間後）

発電所始動停止時間

表1·1(a) 火力発電所始動停止時間例（火力発電必携より）

ユニット容量	蒸気条件	始動前の状態	点火―始動	始動―併入	併入―全負荷	点火―全負荷	停止時間 全負荷―解列
66MW	88kg/cm²g 510℃	① 温 機	60′	60′	90′	210′	90′
		② 冷 機	90′	60′	90′	240′	
75MW	102kg/cm²g 538/538℃	① 温 機	60′	60′	95′	215′	95′
		② 冷 機	120′	60′	95′	275′	
125MW	127kg/cm²g 538/538℃	① 温 機	140′	60′	105′	305′	105′
		② 冷 機	180′	90′	105′	375′	
156MW	169kg/cm²g 566/538℃	① 温 機	180′	60′	110′	350′	110′
		② 冷 機	240′	90′	110′	440′	
175MW	169kg/cm²g 566/538℃	① 温 機	180′	60′	120′	360′	120′
		② 冷 機	240′	90′	120′	540′	

（注）温機の場合は8時間程度，冷機の場合は30時間程度設備が停止するものとする．

タービン始動時間

表1·1(b) 大形タービン始動時間例

	停止後1週間または車室温度120℃以下	停止後60時間または車室温度290℃以下	停止後8時間または車室温度455℃以下	停止後2時間または車室温度455℃以上
最小ターニング時間	2時間	3時間	4時間	連 続
定格回転数まで	30分	20分	15分	10分
定格回転数保持時間	30分	0	0	0
最初にかける最小負荷	3%	5%	10%	15%
最小負荷保持時間	45分	15分	0	0
負荷上昇率	0.5%/min	1%/min	2%/min	3%/min

図1・3は冷機状態からの始動であるコールドステート（cold state）における始動曲線，図1・4は深夜停止の場合であるホットステート（hot state）における始動曲線の例を示す．

これらの図からもわかるように火力発電所は水力発電所に比べていちじるしく始動時間が長い．これはタービン，ボイラの熱応力，熱膨張に無理のないようにしながら正規運転状態にもって行かねばならないからである．

1・3 貫流ボイラの始動

貫流ボイラ
始動バイパス
系統

貫流ボイラ（once-through boiler）はその特質から，つねに最大蒸発量の1/3程度の給水を流し，始動バイパス系統（図1・5参照）を通じてボイラ水を循環状態において点火する．貫流ボイラではこの始動バイパス系統があるため，独特の弁装置とタービン側との十分な協調操作が必要となる．

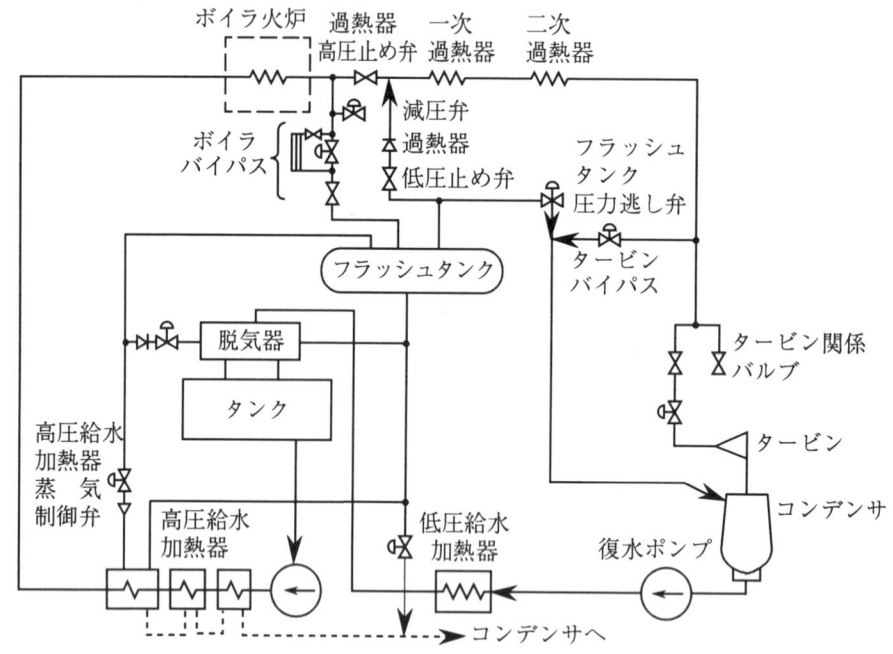

図1・5 貫流ボイラ始動バイパス系統図

必要な循環は過熱器バイパス弁とタービンバイパス弁によって維持する．一次過熱器までは早期に定格圧力とするが，二次過熱器からタービン入口までは過熱器減圧弁によって減圧し，圧力の低いままタービンを始動し発電開始することができる．このときは発電開始後の圧力上昇が出力上昇の一部となり，一時的に過熱器減圧弁が発電機出力調整の役割を果たす．タービンバイパス弁はタービンへの蒸気量増大に伴って閉止し，この間二次過熱器流量を安定させる．

急速始動

貫流ボイラは急速始動に適しているが，点火から過熱器バイパス弁，タービンバイパス弁の全閉までの時間が長いと始動燃料費が多くいることになる．

また循環ボイラと相違する主要な点は
(1) 点火前に真空上昇が必要である．

1・4　日常運転

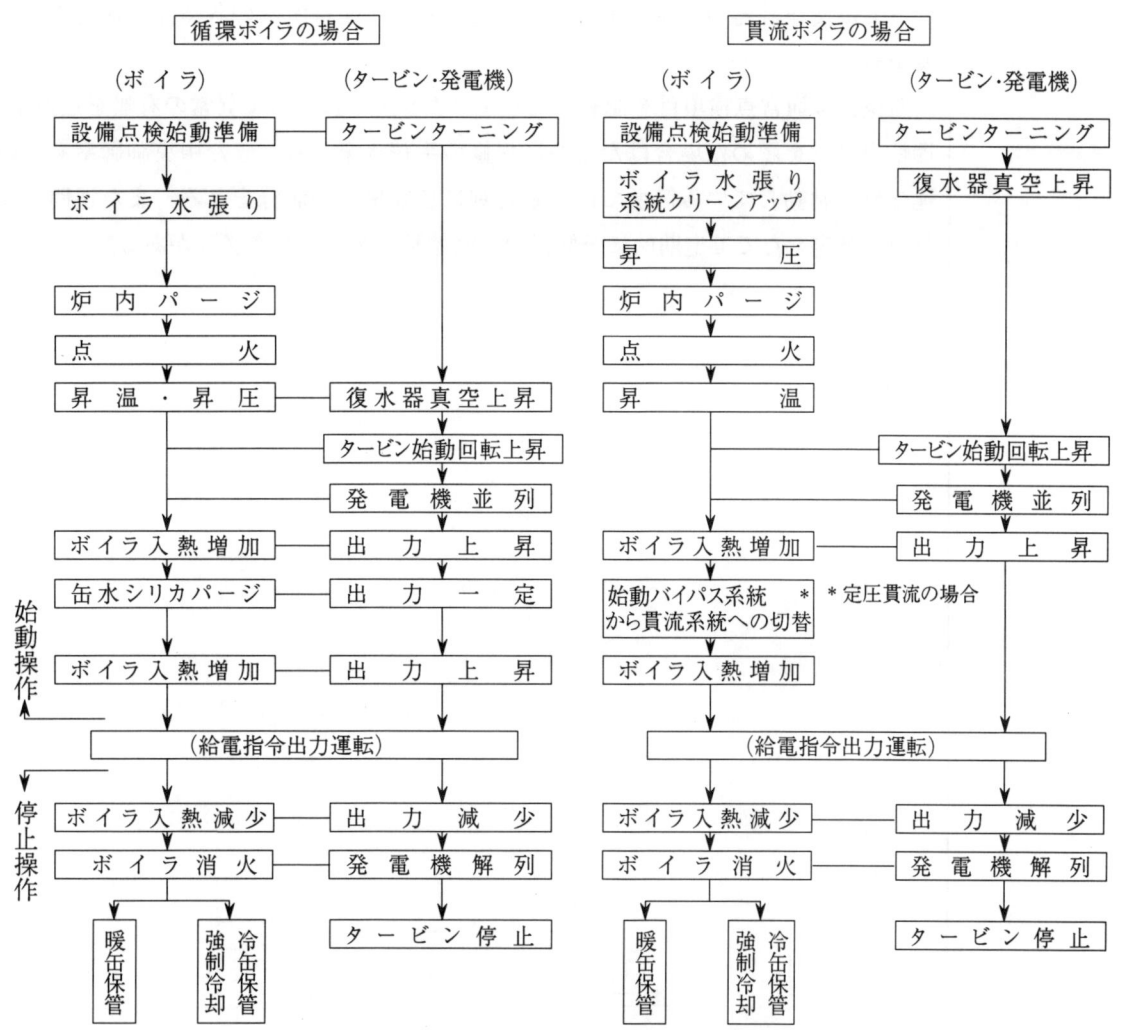

図1・6　火力ユニットの始動停止の概略手順例

(2) 循環ボイラのドラムのように厚肉材料がないため流体温度の上昇率を高くできる．

(3) 過熱器や再熱器に蒸気を流しながら始動する形式のものでは，ガス温度の制限はあまり考えなくてもよい．

(4) 始動時から高純度の給水が要求される．このため復水系統に脱塩装置を設ける必要がある．

貫流ボイラではタービン始動前に系統内の水質を十分良質とする必要があり，普通は点火前の昇圧に合わせて実施する．これは復水系統を通る循環を作り，脱塩装置を使用するので，循環ボイラのボイラ水ブローのような熱，純水の損失は少ない．これをクリーンアップという．

クリーンアップ

図1・6は既述した始動・停止の手順例を図示したものである．

1・4　日常運転

負荷運転中の操作・注意についてはすでに述べたとおりであるが，日常運転にあ

たっては関係計器の監視，制御を行うとともに，発電所内の各機器の巡視を行う必要がある．

　巡視には通常点検項目を記載したチェックシートによって異常の有無を点検する．運転中異常を認めた場合はただちに保修の手続きをとる．また中央制御室あるいは運転員の常勤している箇所では，定時刻に必要事項の記録をとる．また週間および月間で予定をたてて定期的に予備機の自動始動テストを行う必要がある．

2　火力発電所の特殊運転

2・1　DSS運転

　昼間と夜間では電力需要に大きい差があるため，火力プラントを負荷の軽くなった深夜に許容最低限まで低出力としてもこれに応ずることができず，停止せざるを得ない場合もある．深夜に停止して，翌朝には併入してまた負荷をとる運転をDSS運転（毎日始動・停止または毎深夜始動・停止）(Daily Start and Stop) と称しているが，この必要性と運転に対しての注意事項について説明する．

DSS運転

　(1) DSS運転の必要性
　(a) 近年，原子力発電設備の増大による電源構成の変化や昼間・夜間および平日・休祭日における需要格差の拡大などによる需要構造の変化などによって，火力ユニットの負荷変動対応能力の拡大ならびに揚水式水力による調整がますます必要となってきた．
　(b) しかし，揚水発電は深夜電力の活用と昼間ピーク時の発電という役割があるものの，系統まで含めた総合損失が35％程度と大きく，できるだけ揚水発電によらない方が経済的である．
　(c) DSS運転によって中容量火力ユニットの一部を深夜に停止する運転をすれば，揚水式水力で供給力余剰分を吸収する必要がなくなるとともに，深夜に残された火力ユニットの出力を最低出力まで下げなくてすむため，運転中の火力ユニットの熱効率は向上し，燃料消費が節減できるメリットがある．このようにDSS運転を行うことは，系統運用面および発電コスト面で有効である．

　(2) DSS運転に当っての留意事項
　火力ユニットは始動および停止の段階でユニット各部に大きな圧力や温度の変化を受け，内部熱応力や伸び差などを生じ，機器の経年劣化の原因になる．DSS運転ではボイラおよびタービンの急速始動や停止を繰返し行わなければならないので，上記の劣化に注意する必要がある．具体的には次のとおりである．

熱応力
　(a) ボイラ胴（ドラム）などの熱応力
　ボイラで最も熱の影響を受けやすいのは肉厚のドラムおよび管であり，温度こう配や温度差を考慮して過大熱応力を生じないようにする必要がある．このため，ドラム内外面や上下部の温度差を許容値以下に保ち，また，ボイラ水の時間的温度上昇率を適切にする必要がある．

伸び差
　(b) タービンとケーシングの伸び差
　毎深夜停止・始動のような短時間停止後の熱間始動では，蒸気温度よりタービン

金属温度の方が高いので，ロータは急激に冷却されてケーシングとの伸び差が増大する．その結果，タービンの静翼と動翼間や，ラビリンス・パッキングのラビリンスのギャップが減少し接触のおそれが生じるので，伸び差を抑える配慮が必要である．

熱応力

(c) 蒸気室およびケーシングの熱応力

タービン蒸気室および高圧ケーシングは肉厚が大きいので，始動時の急激な温度変化により，内外面に大きな温度差を生じる．熱応力が過大になるとクラック発生の原因になるので注意を要する．

(d) 蒸気温度

始動時，蒸気温度と蒸気室金属温度との差が最適になるような蒸気温度を作り出すことが必要である．深夜停止のような短時間の停止では始動時の最適蒸気温度がかなり高温となるので停止時にあらかじめ主蒸気圧力，温度を徐々に下げ，タービンを冷却することも必要となってくる．

(e) 過熱器および再熱器の温度上昇

始動時に，過熱器および再熱器の管内にまったく蒸気が流入していないとき，あるいは蒸気による冷却効果が十分得られないときには，これらが焼損する危険性が大きい．特に再熱器は通常高圧タービンへの蒸気導入が行われないかぎり蒸気の流入がないので，流入ガス温度に注意して管材の安全最高温度以下に抑制しなければならない．

2・2 変圧運転

(1) 変圧運転（variable pressure operation）の概要

電力需要の昼夜間格差拡大および夏期ピークの尖鋭化，ならびに原子力発電の比率増大と高稼動のため，始動停止が容易で部分負荷運転でも効率低下の少ない汽力発電ユニットの必要性が高まっている．従来の汽力発電ユニットの負荷調整は，出力が蒸気流量（蒸気圧力と加減弁開度の積にほぼ比例）に比例するので，ボイラの圧力を一定に保ち，タービン入口の加減弁を調整するいわゆる定圧運転であったが，近年，加減弁開度は一定（通常は全開）に保ち，主蒸気圧力の方を変えることによりタービン流入蒸気量を調整する変圧運転が行われるようになった．

定圧運転

変圧運転

変圧運転の方式としては，最低負荷から全負荷まで加減弁開度を一定に保つ完全変圧と，部分負荷運転時のみ変圧運転を行う複合運転とがある．ボイラとしては，蒸気流量が少なくなってもチューブ間の流量不均一によって局部過熱・焼損のないスパイラル水冷壁を用いた変圧形貫流ボイラが多く用いられている．図2・1は変圧運転の例を示す．

変圧運転は，熱効率の向上の他に，部分負荷運転で圧力を下げるため材料の寿命が長くなる．部分負荷でもタービン温度が低下しないので，ケーシング温度を高く保ったまま停止でき始動時間を短縮できるなどの特徴がある．

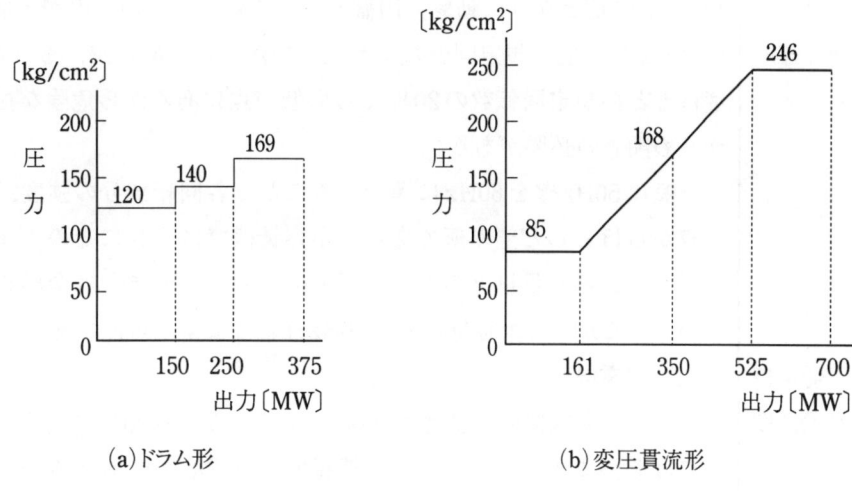

(a)ドラム形　　　　　　　　　　(b)変圧貫流形

図2·1　変圧運転の例

(2) 定圧運転と比較した熱効率特性

変圧運転は，定圧運転と比較して，部分負荷で蒸気圧力を下げるので熱サイクル効率は低下するが，次の熱効率向上効果があり，全負荷から部分負荷まで全領域にわたって熱効率向上が図れる．

(a) 蒸気流量がほぼ一定なので，タービン入口の調速段が不要であり，タービン効率が高い．

(b) 部分負荷でも加減弁開度がほぼ全開に保たれるので絞り損失が減少し，タービン効率が低下しない．

(c) 部分負荷でも蒸気温度が低下しないので，熱サイクル効率の低下が少ない．

(d) 部分負荷では蒸気圧力を下げるため給水圧力も低くてすみ，給水ポンプ動力が減少するので，熱効率が向上する．

(3) 変圧運転時の留意点

(a) 出力変動の応答性

圧力低下に伴うボイラ保有熱量の減少により，出力変動に対する応答性が低下する．

(b) 温度変化

変圧運転時は，蒸気温度が上昇しやすい傾向にあり，過熱器，再熱器等の過熱のおそれがあるので温度制御には注意を要する．場合によっては，スプレィが流入することになり，効率メリットが相殺されるおそれもある．

2·3　異周波数運転

ここでは50Hzに設計された火力発電所を60Hzに計画的に使用する場合について述べることにする．

(1) 蒸気タービン

水車と違って過速度を大きく許さぬため20％だけ高い速度で運転すると遠心力は

臨界速度　　　$1.2^2=1.44$ 倍となり，動翼，円盤ともにこれに耐えぬものが大部分である．タービンの第1臨界速度は規定回転数より低いのが一般であるが，もっとも危険な第2臨界速度はもとの規定回転数の20％くらい低い点にあるから危険な振動を生ずるのであらかじめ調査の必要がある．

　一般に50Hz機を60Hzに運転することは各回転部分の強度，振動，臨界速度などの点からほとんど望み薄である．小容量機ではまれにそのまま使用でき得るものもあるが，ある容量以上のものは回転部分の大部分または全部を取換えなければならない．したがって大容量機では60Hz運転はまず不可能である．

発電機
保証過速度

(2) 発電機

　タービン発電機の保証過速度は15％であるから20％過速度で運転するときは電気的にはそのまま使用できるが，機械的には遠心力に耐えるかどうか十分検討する必要がある．励磁機も遠心力に対し整流子，バインド線などについて強度の検討を要する．

(3) ポンプ，通風機，微粉炭機その他

　給水ポンプ，冷却水ポンプ，復水ポンプなどは主に渦巻またはタービンポンプであって，これの吐出水量は速度に比例し，静圧力が速度の2乗に比例するので，所要馬力数は速度の3乗にほぼ比例する．したがって電動機は最大速度では $1.2^3=1.73$ 倍の過負荷となる．このためベルト掛けまたは歯車装置のものは減速装置を変更すればよいが，直結式のものは電動機またはポンプを改造しなければならない．

　通風機もポンプ同様であるから最大負荷は50Hzのときの1.73倍となり，羽根の内力は遠心力によって1.44倍に耐えるかどうか検討を要する．

　微粉炭機は原則として減速装置を変える必要がある．

2・4　最低出力運転と急速始動

　大容量高圧・高温の火力発電設備をひんぱんに始動停止することは熱効率の見地および機器の保安上好ましいことではないので，できるだけ始動停止をさけるべきである．しかし水力，火力の併用を考えるとき豊水期，または深夜の軽負荷時においては火力を停止するか，あるいは最低負荷で運転を継続しなければならない．したがってボイラ，タービンの可能な最低負荷の限度およびもし火力を停止した場合，需要に応じてボイラ，タービンを急速に始動し得る限度について考える必要があるが，ここではユニットシステムの高圧・高温・大容量のボイラ，タービンを対象として述べる．

最低出力運転

(1) 最低出力運転

(a) ボイラの最低負荷の限度　ボイラの最低負荷限度は付属設備の種類，微粉炭機の台数，種類，容量などの条件で異なるが概念的にはボイラの定格出力の30～40％の範囲である．また重油を混焼あるいは専焼の場合は20～35％程度である．つぎにボイラの最低負荷限度となる要因をあげると，

最低負荷限度

（1）炉の負荷　　安定した燃焼を得るためには微粉炭専焼の場合25 000～

2・4 最低出力運転と急速始動

40 000kcal/m³/h 程度，重油混焼の場合 10 000kcal/m³/h 程度，重油専焼の場合はとくに制限はない．

(2) 燃料管内の速度　　15〜20m/s
(3) 微粉炭バーナの容量　　25〜50%
(4) 重油バーナの容量　　普通形は40〜60%，ワイドレンジ形では10〜20%
(5) 微粉炭機の容量　　20〜50%

またこのほかにも微粉炭機出口空気温度，バーナの着火不良などがある．

(6) 排ガス温度　　空気予熱器低温部の腐食防止に注意し，金属面温度が露点以下にならないようにする必要がある．

(7) 給水関係　　脱気，過熱防止に注意を要する．

制御限界　(8) 自動ボイラ制御装置の制御限界　　低負荷になると被制御機器の特性によって制御信号と制御量の直線性がくずれ，負荷変動に対して制御系の変動割合が増大する傾向となり，やがては自動制御が困難となる．とくに蒸気温度制御は不安定になりやすい．

(b) タービンの最低負荷の限度

ユニットシステムでの最低負荷の限度は，タービンよりはむしろボイラによって左右されるもので，ボイラの最低負荷に対するタービン出力までの最低運転は可能である．

最低負荷限度　タービンにおける最低負荷限度要素をあげるとつぎのとおりである．

(1) 排気室温度　　定格負荷の5〜10%まではあまり問題がない．
(2) 排気湿り度　　12%
(3) 空気分離器　　低負荷で抽気圧力が低下すれば分離効果が低下するため，抽気点を高圧に切換える必要がある．
(4) 給水加熱器　　ドレンの排出口に注意を要する．給水加熱器は低負荷運転により器内圧力が低下し，後段加熱器との圧力差がわずかとなり，ドレンが排出困難となる．
(5) 復水器およびポンプ　　復水を過冷しないようにする必要がある．

(c) 発電機に対する注意事項

発電機はとくに低負荷に対して問題はないと考えられるが，最低負荷の場合は固定子および回転子を所定の温度に保つように努めることが望ましい．なお水素ガス温度の急変は発電機各部に悪影響を与えるのでさける必要がある．

低負荷運転　低負荷運転ではこのほかタービン車室，加減弁などの熱応力に起因する劣化，脱気器の脱気能力低下，蒸気流量低下に伴う過熱器，再熱器の局部過熱，排ガス温度低下による空気予熱器低温部の腐食など数多くの問題があり，最低負荷の値はこの点を考慮して経済性，機器保全，給電事情など総合的な見地から決定する必要がある．また最低負荷運転では熱効率が著しく低下するので，これを改善するため変圧運転（2・2参照）を行うユニットが多い．

運転限度　(d) 運転限度

ユニットの形式，容量，補機の性能等によって異なるが，一般的な運用は定格出力の10〜40%程度である．

急速始動　(2) 急速始動

ボイラおよびタービンの始動時間は蒸気条件，容量，構造，冷却状況，諸装置の有無などの条件によって異なるもので，一概にこれを決定することはできない．したがってそれぞれの設計条件ならびに構造をもつボイラ，タービンについて詳細な試験を行ったうえで，適当な始動時間を決定する必要がある．

(a) ボイラの急速始動（quick start）にあたって考慮すべき事項

熱応力　(1) ボイラ胴および管等の熱応力　温度こう配および温度差を考慮して過大な熱応力の生じないようにしなければならない．ボイラ胴内外面の温度差，上部と下部との温度差等は約 55℃ 以下に保つことが望ましく，またボイラ水の温度上昇率は $70 kg/cm^2$ 以上の圧力のものは 43℃/h，$70 kg/cm^2$ 以下のものは 55℃/h を標準とする．（図2・2参照）

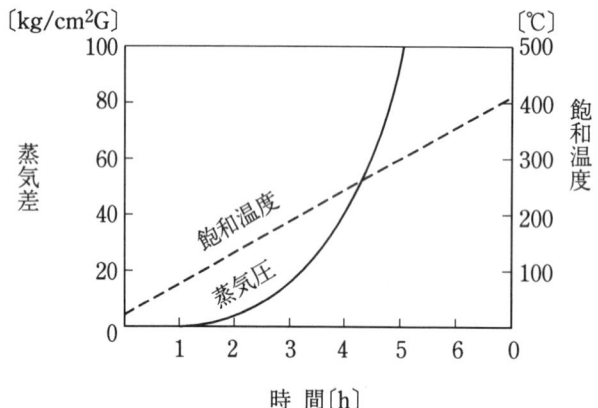

図2・2　ボイラ昇圧曲線

温度上昇　(2) 過熱器管および再熱器管の温度上昇　始動時にこれら管内にぜんぜん蒸気が流入していないとき，あるいは蒸気による冷却効果が十分得られないときにはこれらが焼損する危険性が大きい．とくに再熱器は通常高圧タービンへの蒸気導入が行われないかぎり蒸気流入がないので，とくに流入ガス温度に注意して管材の安全最高温度以下に制御しなければならない．

(3) その他　火炉水冷壁などの水平および上下方向の伸び，ボイラ水の循環，通風装置，給水系統の低負荷特性について注意を要する．

急速始動　### (b) タービンの急速始動にあたって考慮すべき事項
(1) 翼車の曲りおよび翼車とケーシングとの伸び差
(2) 蒸気室およびケーシングの熱応力
(3) 翼車の偏心量および振動
(4) 排気室温度
(5) 蒸気温度

などについて制限値を守って始動する必要がある．

(c) 負荷をかける際の注意事項

並列後はすみやかに 10％ 程度の負荷をかけ，排気温度が飽和温度になった後に所望の負荷に上昇することが望ましい．負荷上昇速度は蒸気室および車室の熱応力か，または翼車と車室との伸び差のいずれかで制限される．

(d) 発電機の始動にあたって考慮すべき事項

固定子および回転子を過冷しないように注意し，また必要に応じて界磁を予熱後定格速度まで昇速すれば，界磁コイルの変形あるいはコイル絶縁物劣化の防止上好結果を与える．

2·5　全周噴射始動

　タービンが停止してからつぎに始動するまでの時間が比較的短い場合，いわゆるホットステートにおけるタービン始動においては，流入蒸気がタービンの金属部分を急冷する現象がある．またホットステート，コールドステートいずれの場合でも，併入負荷時に急激に蒸気の増加によってタービン金属部を急熱する現象がある．これらの原因によって蒸気と金属部分の温度差が過大であると（普通，制限値を83℃としている）これのくり返しによってタービン主蒸気流入部付近にき裂が発生することが多い．

　これをさけるためには，ある程度負荷がかかるまでの間，全加減弁から蒸気を均一に導入し一様に加熱すればよい．全周噴射始動はこのために開発された方法であって始動時にはあらかじめ加減弁を全開しておき，主止め弁のバイパス弁による絞り調整によって昇速，併入し，さらに20％程度まで負荷をかけるものである．20％まで負荷がかかれば，すでに各部は十分加熱されているため，従来のノズル調速に切換えるわけで，これによって蒸気温度と金属温度の差はいちじるしく軽減され，既述のき裂発生を防止できる．

2·6　進相運転

　進相運転を行うと，内部誘起電圧が小さくなるため，内部位相角の増大，同期化力の減小をきたし安定度が低下する．安定度は発電機の端子電圧およびリアクタンスならびに外部インピーダンスの大きさによって決まるので，進相運転を行う場合は，発電機の可能出力曲線（capability curve）によって決まる許容限度と，系統の定態安定度の限界の両方を満足するところに自動電圧調整装置（AVR）の不足励磁制限（UEL）を設定し，脱調防止をはかる．また逆に過励磁にも制限（OEL）を設定するのが普通である．

　図2·3はこれらの関係を示したものである．

2·7　所内単独運転

　系統事故により火力機が系統から分離された場合，ユニットをトリップさせることなく，所内負荷を持って運転を継続し，系統電圧の復帰を待って迅速な並列・出力上昇を行う．この一連の運転形態を所内単独運転と称している．

　ドラム型ユニットおよび変圧貫流ユニットに，ボイラが消火してしまうことなく

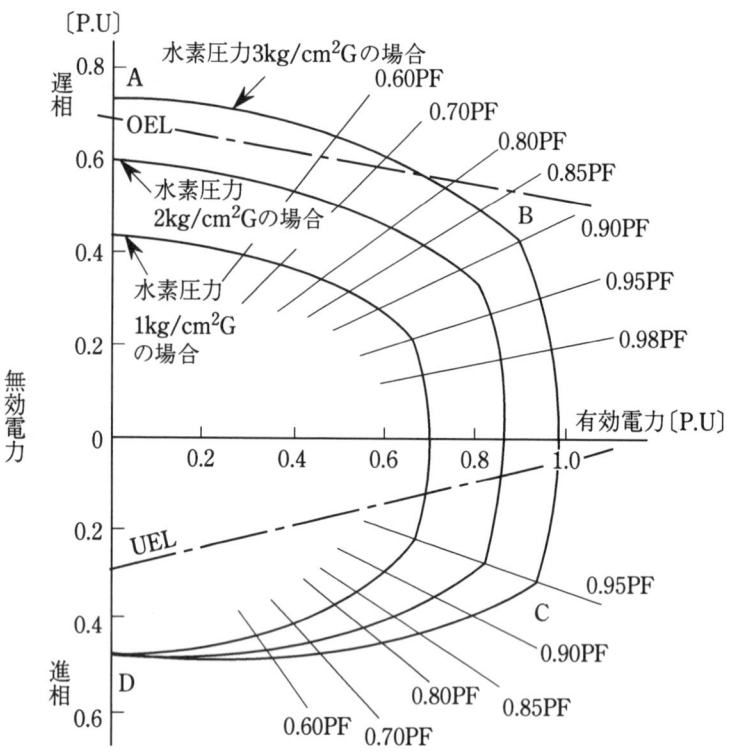

(注) 曲線AB：界磁巻線からの制限
　　 曲線BC：電機子巻線からの制限
　　 曲線CD：固定子鉄心端部過熱および安定限界からの制限
　　 UEL：Under Exciting Limit（系統の定態安定度以内で設定）
　　 OEL：Over Exciting Limit（発電機ロータの温度上昇限度内に設定）

図2・3　可能出力とUEL, OEL

FCB　所内単独運転ができるようにFCB（Fast Cut Back）装置が設置される．このFCBの方式には，所内負荷のみを持って運転継続する所内単独と，一部地域の負荷を持って運転継続する系統単独とがある．

所内単独運転時の留意事項は次のとおりである．

(1) ボイラの安定燃焼

送電系統事故が発生した場合，出力を運転中出力から急速に所内負荷まで絞り込む必要がある．FCB方式では，バーナ本数制御，燃料量・空気量の絞り込みを適正 **安定燃焼** に行い，ボイラの安定燃焼が継続できるよう制御する．また，主蒸気圧力の過上昇を防止するため，ボイラの過剰エネルギーを復水器へ逃したり，電気式逃し弁（PCV）等を一時的に強制開するなどして制御する．

熱応力　**(2) タービンの熱応力**

ボイラがいったん消火した場合は，蒸気温度の低下が著しいため，高圧タービン内部の蒸気が湿り域に達し，タービン翼の振動の発生等の問題が生じ，最終的には翼の飛散等の重大トラブルに至ることも予想されるので，蒸気温度の低下をより小さくするためにもボイラの無消火が望まれる．蒸気温度の急変はタービンロータの寿命消費に与える影響も大きいので，所内単独運転中は蒸気温度をできるだけ高く保ち，速やかに並列・出力上昇することが望ましい．

(3) FCB運転中の周波数制御

FCB動作時は，タービン負荷の急減により周波数が上昇するため，タービン翼の

2·7 所内単独運転

共振による折損回避，補機モータ等の運転耐力への影響を考慮し，速やかに定格周波数で運転するよう制御する必要がある．

3 火力発電所のAFC運転

3・1 火力発電所の周波数制御

　最近は火力発電所が電力系統の発電力中に占める比率が相当大きく，水力発電所のみでは完全な周波数の自動制御が遂行できず，火力発電所も同じように行わなければならない．とくに火力発電所の周波数変動に対する応答度は水力発電所のそれよりもよく，しかも大容量のものが多いためにAFCには適している．

　これは火力発電所の調速機の感度がよく，応答が早く，しかも火力のタービン発電機は単位慣性定数が大きく一般には負荷中心地に近く設置されているので，負荷急変時に瞬間放出電力が水力より大きいことが原因である．

　火力発電所においては既述のように水力発電所における水圧管の水撃作用による水圧上昇を考慮する必要がないため，主止め弁をいくら早く閉じてもよく，調速機のサーボモータの移動速度も非常に早く，負荷の変化によって周波数が変わるとすみやかに傾斜調定率に相当する負荷をとる．また周波数変動時にはタービン発電機の**単位慣性定数**が大きいために多くの回転エネルギーの放出あるいは吸収を行って周波数の変動をおさえる．

　しかしその反面，火力発電所は始動に要する時間が水力発電所の10～20分にくらべるといちじるしく長い．容量の大小にもよるが，普通大容量機ではコールドステートで点火から全負荷までに10時間近くも必要とする．

　これはタービン，ボイラに熱応力，熱膨張によって無理がかからないようにしながら規定の運転状態にもって行かねばならないからである．

　火力発電所においては3・4に述べるような負荷限界もあるためAFCを実施するにあたっては慎重な検討が必要であるが，ここでは火力発電所にAFCを採用する場合の問題点について説明する．

3・2 周波数制御の分担

　周波数制御装置を設置する場合，負荷変動を系統内発電所にどのように分担させるべきかという点が問題になるが，まず負荷変動を分類すると大体つぎのようになる．

（1）振動負荷変動（cyclic load variation）　　周波数変動幅が0.1Hz以下，2分以

脈動負荷変動　(2) 脈動負荷変動 (fringe load variation)　周波数変動幅が0.1〜0.2Hz, 2〜15分以下の周期成分をもった脈動的な負荷変動.

基本負荷変動　(3) 基本負荷変動 (sustained load variation)　比較的ゆっくりした周期で変動し, ほぼ1時間帯での負荷変動, そのほかに, ある限度の負荷が急変する step load variation も変動の一種と考える場合もある.

以上述べた負荷変動特性に対して周波数制御の分担は (図3・1参照),

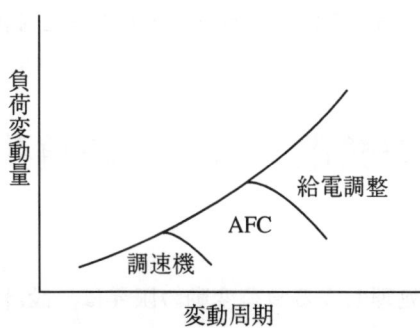

図3・1　周波数制御の分担

(1) 2分以下のきわめて早い周期の負荷変動 (cyclic change) に対しては火力, 水力の各発電所の調速機による.

(2) 2〜5分程度のゆっくりした周期の負荷変動 (fringe change) に対しては, 自動周波数制御装置によって制御発電所で吸収する. したがってこの部分がいわゆるAFC発電所の分担となる.

(3) これ以上に長い周期の負荷変動に対しては給電調整によって行う.

3・3　火力発電所用AFCとその採用に対して考慮すべき点

自動周波数制御　火力発電所で**自動周波数制御**を行う場合は3・4に述べるように調整能力の限度をその機器の許し得る負荷変動以内におさえる必要がある.

またAFCの採用にあたってはタービン入口の蒸気調速弁 (加減弁) の動きと出力の関係が直線であることが必要である. すなわちサーボモータストロークと発電機出力の関係が直線であることが望ましいが, もしもそうでない場合は改善の必要がある. またボイラでは燃焼状態, ボイラ胴水位の状態いかんによっては, 機器の保全のため負荷変化の指令があっても現在の負荷を保持するような適当な継電器を設ける必要がある. またボイラ, タービン危険時には自動的に装置をロックするような設備を設ける必要がある.

さらに微粉炭機台数と負荷のバランス, ボイラ運転基数とタービン台数, あるいはその容量に応じて負荷変化可能幅が変ったり, 極端な負荷変化, 周波数変化によって発電機の過負荷, 微粉炭機の過負荷, タービンの振動発生などの問題があるので, 保護継電器を設け, 指令をロックするようにする.

たとえば制御回路の低電圧継電器, 過電力継電器, 低電力継電器, 蒸気圧上昇低

下継電器，蒸気温度上昇低下継電器，周波数低下継電器などがある．

　またさらに火力発電所のAFC採用に関連して注意しなければならないことは，AFCを行う場合は必然的に負荷変動があるため，これがボイラ・タービンなどにおよぼす影響を調査し負荷変動の許容限度を求め，運転の際に機器に無理がかからないようにする考慮が必要な点である．すなわち火力発電所の負荷変動における可能出力変動幅および可能出力変動速度などを定めて運用の際にこれらの値を越えないように，AFC装置の諸定数を設定する必要がある．さらに負荷変動の限界値で動作する継電器を設け，既述のように限界値をこえる場合にはAFCを中止させる．

3・4　火力発電ユニットの負荷変動限界

負荷変動の限界　　火力発電ユニットの処理しうる負荷変動の限界は，設計値あるいは計算から簡単に求められない場合が多いために負荷を急変または漸次変化させ，その急変量または変化速度を増加し，そのユニットの処理しうる限界を求めて，これによってAFCセットの負荷変動制限の設定を行わなければならない．

負荷変動試験　　この負荷変動試験はボイラ，タービン各部諸量の変化状況をオシロで測定しながら発電機の出力を変化させる．発電機の出力の変化は，sustained（毎分発電機定格容量の2～4％程度の速度でゆるやかに出力を上昇または低下させる），fringe（発電機定格容量の5～20％の出力を30秒～4分間で急速に上下させる），step（発電機定格出力の10％内外の出力を急に変化させる）およびcyclic（正弦波状の変化を数回くり返す）の4種類とし，十分安全と考えられる負荷変動から，しだいに変動量を増加して，種々の限界条件を超える限度を求める．この限界値は，

　(1)　蒸気圧力の変動限界値　　メーカより示される最高圧力を制限値と考えるのが適当である．

　(2)　蒸気圧力の降下速度限界値　　ボイラ胴圧力が降下し，その速度が過大であると降水管内に気泡を生じ，循環に障害を生ずるおそれがある．その制限値としては降水管内で水が下降するために生ずるヘッド（head）の増加の方が圧力の変化速度より大でなければならない．

　(3)　蒸気温度の変動限界値　　83℃を変動の制限値とするのが妥当といわれている．

　(4)　ボイラ胴水位変動の制限値　　各メーカによってその値が一定でないが，上昇側は25～50mm，下降側100mm程度である．

　(5)　過剰空気率変化の限界値　　15％ぐらいが適当と考えられている．

　(6)　タービン熱応力などによる限界
　・蒸気温度と金属（車室）内面温度との差が加減弁蒸気室において55℃以内
　・蒸気温度の変化は280℃/h以内
　・金属の温度上昇は280℃/h以内

3・4 火力発電ユニットの負荷変動限界

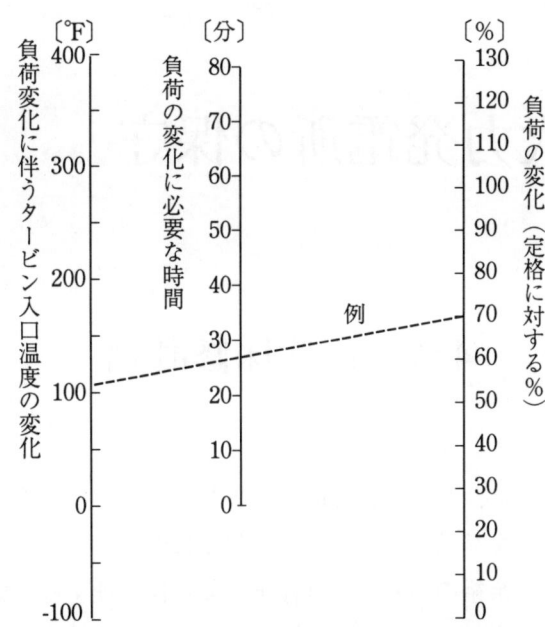

図 3・2　WH形75MWタービンのノモグラム

ノモグラム　なおこのような変化許容量をノモグラムによって求める方法があるが，図3・2にWH形75MWタービンの例を示す．

(7) タービンの偏心の読みが平常運転より増加せず，軸伸差が警報点以下であること．

(8) 蒸気純度および給水の酸，アルカリ度は平常運転の数値を保持すること．

(9) プライミングのないこと．

(10) 微粉炭機の負荷は1/2以下に下げないこと．

(11) 安全弁が動作しないこと．

(12) 炉内圧力がいちじるしく変動しないこと．

許容負荷限度値　以上のような諸項目を総合してみると周波数変動による許容負荷限度値は，fringe試験の結果では定格負荷の8％，sustained試験では最大負荷変化幅を定格負荷の10～20％にした場合は負荷変化速度を3～4％/min程度としてよいといわれている．しかしこの値は使用燃料によっても異なり石炭専焼時は1～2％減となる．

負荷変化の運用例を表3・1に示す．

表3・1　負荷変化運用の一例

			石炭専焼ユニット	重油専焼ユニット
自動運転	ステップ変動	変化幅〔％〕	7.0	7.9
	傾斜変動	変化幅〔％〕	16	17
		変化速度〔％/分〕	2.8	4.3
手動運転	負荷変化速度〔％/分〕(最低負荷—定格負荷)		1.2～2.0	1.5～2.5

4 火力発電所の保守

4・1 点検保修計画

　機器を運転していると，しだいに性能が低下し，ついには故障を発生することになるので，運転中異常を発見した場合はその程度に応じてただちに運転を休止するか，あるいは供給力に余裕のあるときは停止して点検修理する．また計画的な保修計画を立てて，事故の発生ひん度を減少するとともに，定期的に点検保修を行う．

　保修作業，定期点検その他の保守に関しては，普通発電所ごとに保修のための作業基準，保守要領などが規程化され，運用計画も詳細に検討されてそれによって実施する．

4・2 定期点検

定期検査　　火力発電所における保守作業でもっとも大きな業務は定期検査である．火力発電所では電気事業法第55条および施行規則第59条によってボイラは毎年1回，タービンは2年に1回開放点検を行って官庁の検査を受けなければならないことになっていた．

　しかし火力全盛の時代の次に大容量原子力の時代がやってきて，これがベース運転をするようになった．これに従って稼動率が低下する火力ユニットも出てきた．稼働率が低く，運転時間が短くても法定どおりに定期点検を受けなければならないことに疑問がおこり，現在では稼働率，運転時間（累積および当該年），などを考慮したインターバルに改められていて，一率点検でなくて，これが緩和された状況にある．

　しかし何れにしてもこの定期点検に並行して普通保修改善の作業が行われる．この検査の行われる理由は，火力発電所においては高温高圧の蒸気を使用し，しかもタービン，ボイラなどの事故が発生した場合，その被害は機器，設備の損壊はもちろん，人命までも奪いかねない．したがって定期的に検査を行ってタービン，ボイラの内部に至るまで，異常のないことを確かめる必要があるわけである．このため

作業日数　　の作業日数は機種，運転経歴，重要度によってかなり差があるが，ボイラでは75MW級で25日，500MW級で40日ぐらいであり，タービンでは75MW級が30～40日，500MW級で40～55日ぐらいである．しかしこのような長期の発電停止は供給

力に重大な影響をおよぼすことになる．とくに最近のように火力発電所のユニット容量が大きくなれば，なおさらのことである．このためこの作業時間，期間はその電力会社全体としての問題であって，需給バランスをもとに決定されることになる．

したがってわが国のように水力，とくに自流式の比率の比較的大きいところではこの時期が豊水期間に限られることが多かったが，最近では大火力が電源の主力を占めるようになっているため，渇水，豊水期は必ずしも決定的な要因ではなく，水力，火力，原子力などの全電源の可能出力を考慮して決定される．

このため実施にあたっては，
(1) メーカの連絡および資材の入手時期
(2) メーカで修理を要するものは，この工程，輸送の所要日数
(3) 関連工事を勘案して作業機器の決定
(4) 作業人員その他

などを検討して給電指令所と打合わせて決定される．

4·3 保守一般

改良工事　**(1) 改良工事**

出力増強，損失軽減，自動化など設備の改善によって利益を得る工事と保守上必要な工事，あるいは老朽による各種設備の取換工事をいうわけであるが，これらの工事は長期計画にもとづいて検討され，利回りの大きいものから採用する．

例をあげるとボイラの炉壁の改修や，すす吹装置の増強やそのほか長時間連続運転を可能にし，また自動化によって人員の削減と熱効率の向上をはかる．あるいは復水器冷却水管の材質変更や除貝装置の取付，その他補機類の自動化，遠方操作化などがあげられる．

修繕工事　**(2) 修繕工事**

定期点検作業，良好な運転状態を維持するための保守および突発事故の復旧工事などであるが，これらの工事のうち，あらかじめ考えられるものに対する計画は運用計画にもとづいて作製し，資材の納入期間，工場修理などに対して検討する必要がある．修繕工事のうち良好な運転状態を維持するための保守工事は稼動状況と，その設備の状況を検討して計画される．しかしとくに緊急止むを得ない保守工事は万難を排して実施する必要がある．

5 故障と対策

5・1 周波数低下

周波数低下　　系統に併列されて運転している火力発電所が，系統の周波数が規定周波数より低下した場合について，主要設備にいかなる影響をうけるか簡単に説明する．
　(1) 蒸気タービン
　周波数の低下，したがって速度の低下は翼に悪影響をおよぼし，とくに翼に振動を生ずるおそれがある．また速度の低下は臨界速度に近づくことがあり，タービン

臨界速度　　の出力は低下し効率も悪くなり，調速機の自動調整範囲からはずれ運転が不安定になるおそれがあるため，周波数があまり低下することは極力さける必要がある．また場合によっては潤滑油圧の低下に対しても検討する必要がある．
　(2) ポンプ類
　所内補機用電源の単独の場合，あるいは蒸気タービン運転のような場合は送電系統の周波数低下の影響はないが，一般に所内電源は主機に直結せられているので，系統の周波数が低下すれば補機運転の誘導電動機はすべて回転数が下がる．
　ボイラ給水ポンプ，復水器冷却水ポンプ，復水ポンプなどのポンプ類では速度が低下すれば，吐出水量も相当減少する．その結果，ボイラの蒸気圧力を低下して運

冷却水ポンプ　　転しなければならず，ボイラ効率の低下，発電所出力の減少となる．冷却水ポンプの速度低下は冷却水量の減少により真空度の低下をきたし，とくに夏季高温時に復水器の真空に影響し出力の減退をきたす．また周波数の低下がいちじるしいときは

給水ポンプ　　給水ポンプが給水不能となって出力を大幅に低下させる必要が生じてくる．
　(3) 送風機
　周波数低下に伴って速度が降下し風量も相当減少する．この結果ボイラの燃焼効率を悪化させ出力低下を生ずる．
　(4) 微粉炭機
　回転数が低下し効率が悪くなる．
　(5) 発電機
　夏期高温時には速度の低下により通風作用が減少するため発電機が温度上昇し出力制限を必要とする場合がある．また周波数が低下しても発電機電圧を一定に保持するためには界磁電流が増加せねばならず，そのため冷却作用の少ない回転子の温度上昇が大きくなる．また励磁機の容量に不足を生じる場合がある．
　(6) 変圧器
　周波数の低下は電圧を一定とすれば励磁電流を増し，鉄損を増加して効率を低下

する．周波数低下に比例して電圧が下がる場合，定格出力を出すには銅損が増加し，効率が悪くなる．効率を低下させないためには出力の制限をしなければならない．

　このように周波数が低下すると運転に支障を与えるばかりでなく，はなはだしい低下の場合は運転停止を余儀なくせられる．このような場合はすみやかに系統を分離するか，火力発電所の出力に見合った負荷とするような負荷制限をして周波数を復帰させて，火力発電所の安全な運転をはかる必要がある．わが国では安全運転可能の最低周波数限度は60Hz系では58.5～59Hzを，50Hz系では48.5Hzを目標とする電力会社が多いが，これに時間的制限を加味するところもある．

5·2　タービン発電機の振動

(1) 振動の原因

|振動|
|タービン|

　蒸気タービンと発電機は直結されており，その振動の原因はタービン側にあることが多いが，まず一般的な原因としては，

- 主軸の曲り，バランスウェイトの移動などによる不平均
- 継手の偏心，基礎の不同などによる中心の不良
- 軸受の不良，給油の不良および不足，軸受のゆるみ
- 組立のゆるみ，軸継手およびボルトのゆるみ

などである．

|発電機|

　つぎに発電機側の原因をあげると，

- 発電機の導線のゆるみによる振動
- 回転子コイルの層間短絡による電磁力および熱的な不平衡
- 発電機の空隙の不同による電磁力の不平衡その他，回転子のみぞが円周一様でないため，軸の剛性が方向によって異なることなどによって振動が発生する．

(2) 設計上の防止法

- 回転部分は静止時でも，高い速度で回転中でも，つねに平衡するようにする．
- 各部の寸法ならびに磁気的な条件を対称的にする．
- 回転体の固有振動数を求めて，定格回転数をこれに近づけない．
- 固定子の鉄心とわくの間に弾性物をはさむ．
- 組立にあたっては仕上げに注意し，磁気回路が不平等にならないようにする．

その他導体みぞの数や構造，固定子鉄心の分割方法などによっても影響があるが，これらは通常他の条件によって定められる．

(3) 回転上の考慮

|固有振動数|

(1) 回転体の固有振動数は一つではないが，その中でいちじるしいものが定格速度以下にある場合は，始動および停止の際にこの速度をすみやかに通過する．

(2) つねに点検手入れを行って振動の原因を作らない．

(3) 機械の音響に注意し，また騒音計などを取付けて，振動の徴候を認めたときはただちに対策を講ずる．なお発電機に短絡電流が流れると過大な電磁力が生じて振動の原因をつくるため，すみやかに遮断する．

5 故障と対策

蒸気タービンの振動

なお，蒸気タービンの振動とその処置の具体的な点については**表5·1**に示す．

タービンは高速度であるため，振動については，つねに注意しなければならない．もしも過大な振動からタービンの破壊に至った場合の大事故は想像以上に大きいため普通振動の規制値を設けて軽度の場合は警報を，大きい場合はタービンを手動

表5·1 蒸気タービンの振動とその処置

原 因		状 況	処 置
不 平 均	a 軸の反り b バランスウェイトの位置不良 c バランスウェイトの移動 d 翼のスケール e 翼の腐食 f 翼車の温度不同による変形 g 強曲げ力による不平均力 h 発電機の導線の移動 i 発電機の空隙不同	タービン全体の振動，回転数同一の振動を発生し，振動は不平均重に比例し回転数に比例する．	振動発生の際はただちに運転を停止し検討を加える．もし必要があればバランスを取りなおすこと．
臨 界 速 度	a 設計不良	ある回転数に限り強力な振動が急激に現われ振動数と回転数と一致する．	使用回転数の変更改造
中 心 の 不 良	a 継手の偏心 b 基礎の不同沈下 c 蒸気管の重量または伸縮	継手近くの軸受がとくに振動し軸受の過熱を伴う．	中心を合わすこと．
蒸 気 の 障 害	a ドレン流入 b スケール	蒸気入口における異様音響，除塵網の障害 振動は不規則	修繕を要する．スケール，酸，塩の有無を検査する．
パッキンの故障	a ラビリンスパッキンの調整不良 b パッキン環過小	部分的振動，音響，軸またはパッキン外わくの過熱	調整またはパッキン取換え
給 油 障 害	a 給油不良のための油膜破れ b 給油停止または不良 c 不良給油	軸受の過熱，音響を発し翼の障害を起こす．	給油方式の改良，油の浄化
軸受油膜不安定	a 軸受間隙不良 b 油みぞ不良	ある回転数に限り強力な振動が突然現われ振動数と回転数と一致しない．	軸受間隙，油みぞを改良する．
基 礎 不 良	a 台板下のモルタル入の不良 b 台板の取付不良 c 不同沈下，不同基礎	建物その他の共振的振動，振動は機械全体にわたり負荷に無関係	基礎を強固にする．
取付ゆるみおよび薄弱	a 軸受の間隙過大 b 球軸受のゆるみ c 組立羽根車のゆるみ d 軸継手またはボルトのゆるみ e 発電機導線のゆるみ f パイプブラケット不足または薄弱	部分的振動，取付のゆるんだ部分が最大振幅で始動および停止時に音響を発する．	各軸受を精細に調べ必要によって締めつけ，または修理する．
内 部 摩 擦	a 動翼の摩擦 b 翼先端の空隙不良 c 仕切板円板または車軸振れ d 推力軸受の故障 e 仕切板ひれの空隙不良	はなはだしい部分振動 音響は速度とともに変る．大障害を起こすことがある．	ただちに修繕または調整

または自動でトリップさせる．

電気技術基準調査委員会，火力専門委員会において，400MW以上の発電用蒸気タービンおよび発電機の振動に関する規程が検討せられ，表5・2のような値が示されている．

表5・2 タービンの振動管理値

(1) 停 止 値

検 出 箇 所	軸		軸 受	
定 格 回 転 数	3300rpm/3600rpm	1500rpm/1800rpm	3300rpm/3600rpm	1800rpm/1500rpm
振 動 の 振 幅 $\left(両振幅 \times \frac{1}{100} mm\right)$	25	35	12.5	17.5

(2) 注 意 値　　定格速度以上の範囲；上表の50％以下
　　　　　　　　定格速度未満の範囲；上表の60％以下

5・3　微粉炭装置の爆発

微粉炭装置　微粉炭装置内の爆発の危険を防ぐためには，装置の各部に微粉が停滞しないようにする必要がある．バーナおよび微粉炭管内の微粉炭流速を適当に維持し，ボイラ低負荷時にもこれをあまり下げないようにする．また微粉炭機内に入る石炭中に金属片が混入すると発火の原因となる．

点火のときまたは低負荷で着火の悪いときは，炉内にたまる微粉やこれから発生するガスの停滞は爆発の原因となるため，点火前には吸込通風機によって炉内ガスの排除を十分にしなければならない（このため各電動機間には既述のように電気的インタロックが施されている）．貯蔵式では微粉を長期間ためると自然発火の危険があるので，微粉炭槽内の温度や湿度に十分注意しなければならない．粉砕機や分離器などには爆発の際の損害を局限するために普通安全戸を設ける．このほか微粉炭装置付近では裸火の使用を禁じ，また電動機の火花なども防止するように努めなければならない．

5・4　補機のトリップ

火力発電所における補機が故障した場合は，出力の低下あるいは主機停止の止むなきに至る．

主要補機について簡単に説明すると

給水ポンプ　　(1) 給水ポンプ

ポンプ台数が減った場合は給水量の減少となり，これに見合った負荷に低下する必要がある．全台がトリップした場合は多くの場合予備機を始動するが，これが時間的に間に合わずボイラ胴水位が異常に低下する場合にはタービンをトリップさせボイラも消火する必要がある．

冷却水ポンプ

(2) 冷却水ポンプ

事故によりポンプ台数が減った場合は排気温度の上昇，復水器真空低下のため出力を低下しなければならない．また全台が事故トリップした場合は真空がすみやかに低下するため，ポンプの停止時間にもよるが，場合によってはタービンをトリップさせる必要もある．

復水ポンプ

(3) 復水ポンプ

全台トリップ時は復水が復水器から排出されないため，復水器の真空が低下する．このため早急に予備ポンプを始動して回復に努める必要があるが，これが不可能であれば当然タービンをトリップしなければならない．

重油ポンプ
微粉炭機

(4) 重油ポンプ，微粉炭機

台数が減った場合は出力が減退し，全台トリップした場合はただちに再始動しなければ当然タービン負荷をもつことはできない．

通風機

(5) 通風機

台数の減少はボイラ負荷の低下をきたし，全台トリップ時は普通ボイラへの全燃料が遮断される装置が施されているため，炉内をパージしたのち，ただちに再始動する必要がある．

5·5 保安用補機

汽力発電所には多くの補機が必要であるが，これらのうちの何種類かは発電設備の始動時あるいは停止時に不可欠なものである．とくに汽力発電所を安全に停止するためには無電源になってはならないものも多い．また，この補機に対しては系統事故などによって発電所が系統から解列し，所内補機電源がなくなっても，安全な後備保護が必要である．

(1) 汽力発電所を安全に停止するため無電源になってはならない所内補機とその理由

補助油ポンプ

(a) 補助油ポンプ

タービンおよび発電機軸受の潤滑油ならびに調速機の制御油圧は，タービン定格回転中はタービン主軸直結の主油ポンプによって供給されているが，発電機解列後はタービン回転数の降下に従って吐出圧が低下するから，補助油ポンプがその役割を果たさないと軸受メタルが焼損する．

密封油ポンプ

(b) 密封油ポンプ

タービン発電機は水素ガスが一般であり，その機内圧力は$2 \sim 3 \mathrm{kg/cm^2}$以上であり，もしも密封油ポンプが停止すると軸シールが切れて，水素ガスが軸受部より機外に逃げて爆発する危険性がある．

5・5 保安用補機

油タンク 油清浄器	(c) 油タンクならびに油清浄器ガス抽出機 発電機軸受から油タンクに回収される潤滑油中には水素ガスが混入しているから，ガス抽出機によって大気中に放出してやらないと，油タンクあるいは油清浄器内に蓄積して爆発する危険性がある．
ターニング モータ ターニング 油ポンプ	(d) ターニングモータおよびターニング油ポンプ タービン停止後，タービンロータを放置しておくと，高温のためにただちに曲りが起こるので，ターニングモータにより2〜10rpm程度でターニングを行わなければならない．またターニング中，軸の熱伝達により軸受の油が蒸発して油膜が切れる可能性があるので，ターニング油ポンプによって給油が必要である．
火炎検知器	(e) 火炎検知器ならびにテレビ冷却ファン 停止操作の過程において，ボイラ炉内の燃焼監視が必要であるが，冷却ファンが停止すると検知器ならびにテレビ・カメラアイが焼損するため，ファンは停止させてはならない．
真空破壊弁	(f) 真空破壊弁 タービン発電機は，一般に回転停止用の制御装置がついていないので，解列後，復水器の真空破壊を行わないと低速で長時間回転することになり，軸受メタルに悪影響がある．
	(g) 制御電源 ボイラ，タービン，電気式制御系の電源ならびに状態監視計器の電源確保は欠くことができない．
	(h) 電子計算機 最近の大形火力においては，状態監視に不可欠である．
ボイラ 給水ポンプ	(i) BFPタービン関係補機 BFP（ボイラ給水ポンプ）は大容量であるため電動機よりもタービン駆動とする方が多くなったが，この場合，主タービンと同様な理由でBFPタービンにもターニング・モータ，ターニング油ポンプ，油タンクガス抽出機が設置されるので，これら補機類も，主タービン付属の同目的の補機と同様に無電源になってはならない．
	(j) 所内灯 保安および安全停止の作業のために所内灯を確保する必要がある．所内灯は非常灯と呼ばれることもある．
	(k) その他 制御用圧縮機，空気予熱器駆動電動機，誘引通風機，通信用電源なども無電源となってはならない．
バックアップ	(2) 通常電源からの供給が停止した場合のバックアップ 普通考えられているのは， ・ 直流装置によるバックアップ ・ 非常用交流電源によるバックアップ ・ 直流装置と非常用交流電源の併用によるバックアップ (a) 直流装置によるバックアップ 交流所内補機とは別にこれと同一機能を有する直流所内補機と直流電源（蓄電池）を設備する．

(1) 大容量蓄電池の設置　　直流による操作制御用として発電所には蓄電池を設置するが直流非常灯や非常用ポンプなどの電源が必要の場合には，蓄電池の容量はこれに見合った容量を採用する．

(2) 非常用軸受油ポンプおよび非常用密封油ポンプの設置　　ターニング油ポンプおよび密封油ポンプの電源が停止した場合には，蓄電池から非常用ポンプに電源を供給し，ポンプを自動始動させて，必要な軸受油および密封油を確保する．

(3) 非常灯の設置

(b) 非常用交流電源によるバックアップ

所内電源全停止時に非常用ディーゼル発電機から前記の所内補機やその他の補機に切換えが可能なような母線の結線方式とする．

(c) 直流装置と非常用交流電源の併用によるバックアップ

前述した(a)と(b)とを併用し，通常電源からの供給が停止した場合のバックアップをさせる方式で，大容量汽力プラントではこの方式が多く採用されている．

5・6　タービン非常停止事故

非常停止　　発電機，タービン事故などによってタービンが非常停止した場合は蒸気の流入がなくなるため，タービン内部の金属部の温度が時間の経過とともに冷却するが，この温度低下割合はあまり大きくはない．しかし再始動した場合にはボイラからの流入蒸気はタービン内部の金属部温度より相当低いものが流入してくる．したがって金属部温度と流入蒸気温度とはかなりの温度差があって，金属部分が急冷されて熱的応力をうける．このようなことは好ましくないので再始動はなるべく短時間で行う必要がある．

5・7　火災事故

発電所を構成する機器，構築物などには，それ自身で発火のおそれのあるものや，あるいは他の着火源によって燃焼性のあるものも多い．とくに発電所には油やガスを貯蔵もしくは使用しているために火災となった場合は重大な社会的問題となる．したがってこれに対しては万全の対策をしておく必要がある．

火災　　火災のおそれのあるものにはつぎのようなものがある．

ボイラ　　**(1) ボイラ**

バーナ部からのガスや油のもれ，あるいはポンプ，配管継目などからのもれでガス状となった燃料が，周囲の高温のために自然着火し大火災となることが考えられる．火災発生の場合はボイラの停止ひいては発電停止を余儀なくされる．

タービン　　**(2) タービン**

タービンは保温が施されているが，500℃以上の高温部があり，この付近を循環油

や制御油配管が通っている．またタービン本体の下にも高温の配管が配置されている．循環油が本体や配管からもれて，これが周囲の高温のためにガス状となって着火することがあるが，この場合，保温材にしみこんだ油の燃焼は消火しにくいため，ふだんの油もれは厳重に注意すべきである．また軸受部の潤滑油についても，回転部と静止部が接触するようなことがあって着火すれば火災の原因となる．

またタービンでは油タンクがあり，これに多量の油を保有させているため気をつけなければならない．

(3) 発電機

水素ガスおよび潤滑油，密封油などはすべて火災に重大な関係がある．回転子軸の折損，軸受の破損，ケーシングの破壊などから着火，火災に移ることが考えられる．水素に対しては通常爆発に耐えるような圧力テストを製作の段階でやっているが，なんらかの理由で機械的破壊がおこった場合は静電気によって噴出する水素ガスに着火することもある．油についても同様なことがいえるが，水素ガスも油も，もれを防止することが大切なことといえる．また密封の切れについては重大な結果をもたらすため万全の対策をとっておかなければならない．

(4) 変圧器

絶縁油が他からの類焼によって火災に移る場合や，変圧器の中身自体の事故によって火災となることがある．とくに変圧器は大量の絶縁油を使っているため火災になった場合は大変なことになる．

(5) 重・原油タンク

原油あるいは重油タンクは相当量のものをタンク群で貯蔵しているため，付近の火災からの類焼をさせないような対策が必要である．また地震によってタンクで金属部の接触による火花発生が原因で着火することもある．

(6) 建家内

一般建築物における火災に対しては類焼を局限させ，発電設備への被害をなくするようにしなければならない．

火災に対する保護策あるいは予防策としては，火災検出器の完備と消火設備の充実があげられる．火災検出器は各機器ごと，あるいは建家内の各部屋ごとに設けて火災をいち早く検出して，これを消火系統へ情報伝達するようにしておかなければならない．また消火設備としては固定式ノズルを設置したものや，可搬式のものがある．また原理的には薬用液体を使用するもの，水を使用するもの，ガス体を使用するものなどがあり，適宜選択して用いられる．なお特殊な場合は化学消防車を設置するところもある．

最近の発電所ではビニルケーブルを使用することが多いが，ビニルケーブルが火災にあうと塩酸ガスを出して燃える．このガスは人間にとっては有害であるとともに黒煙を発生するために消火活動をいちじるしく阻害する．このためケーブルダクト，トレイなどに消火設備を施すところもある．またこのためだけではないが，防毒マスクの常備は常識である．わが国でも火力発電所の火災は皆無ではなく，火災対策は大切なことである．

また発電機やタービンの軸受部に対して固定消火設備を施すほか，発電機では軸封部に窒素シールを施して水素ガスのもれた場合の対策とするほか，水素ガスボン

べの取付場所を建家の外にするなどの配慮をするところもある．

5・8　その他の事故

　火力発電所に発生する事故は，汽水共発，石炭の自然発火，タービン翼の破損その他とうてい数えあげることはできないが，これらのうち主要な現象については既述したとおりである．これらに対しては普通各電力会社ごとに，あらかじめ予想される事故を対象として事故処理基準が定められている．したがって運転員はこれによって日常研究しておく必要がある．

6 火力発電所の熱効率と計算

6・1 火力発電所の熱効率

熱効率　　火力発電所の効率は，入力，出力をすべて熱量に換算して計算するのが普通で，これを**熱効率**（thermal efficiency）という．この場合，計算の基礎となるのは 1kWh ＝ 860kcal の電力量と熱量の換算式である．

つぎに各熱効率を図 6・1 を参照しながら示す．これらの式はすでに示したものもあるがあえてここに再掲する．

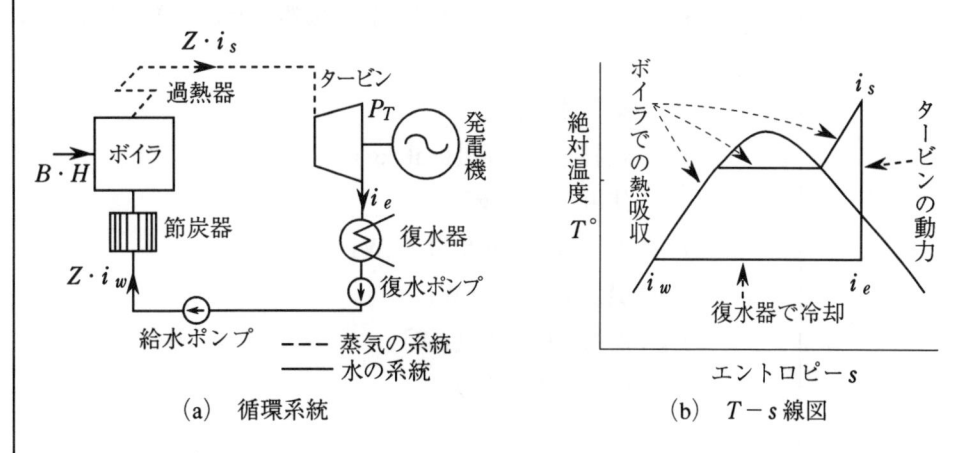

　　　　　　　　　　　　(a) 循環系統　　　　　　　　　　(b) $T-s$ 線図

図 6・1 火力発電所の循環系統と $T-s$ 線図

ボイラ室効率
(1) **ボイラ室効率**：η_B

$$\eta_B = \frac{(i_s - i_w)Z}{H \cdot B} \times 100 \ [\%] \tag{6・1}$$

タービン室効率
(2) **タービン室効率**：η_T

(1) タービン（有効効率）：η_t

$$\eta_t = \frac{860 P_T}{Z(i_s - i_e)} \times 100 \ [\%] \tag{6・2}$$

(2) 熱サイクル効率：η_C

$$\eta_C = \frac{i_s - i_e}{i_s - i_w} \times 100 \ [\%] \tag{6・3}$$

(3) タービン室効率：η_T

$$\eta_T = \eta_t \cdot \eta_C = \frac{860 P_T}{Z(i_s - i_w)} \times 100 \ [\%] \tag{6・4}$$

発電機効率 | (3) **発電機効率**：η_G

$$\eta_G = \frac{P_G}{P_T} \times 100 \quad [\%] \tag{6・5}$$

発電所熱効率 | (4) **発電所熱効率**：η_P

(1) 発電端熱効率

$$\eta_P = \eta_B \cdot \eta_T \cdot \eta_G = \frac{860 P_G}{H \cdot B} \times 100 \quad [\%] \tag{6・6}$$

(2) 送電端熱効率

$$\eta_P' = \eta_P (1-L) \times 100 \quad [\%] \tag{6・7}$$

所内比率 | (5) **所内比率**：L　所内比率は次式で示される．

$$L = \frac{P_h}{P_G} \times 100 \quad [\%] \tag{6・8}$$

ただし，i_w；給水のエンタルピー〔kcal/kg〕

　　　　i_s；過熱器出口における蒸気のエンタルピー〔kcal/kg〕

　　　　i_e；タービン出口圧力まで断熱膨張させたときの蒸気のエンタルピー〔kcal/kg〕

　　　　Z　；蒸発量〔kg〕

　　　　H　；燃料の発熱量〔kcal/kg〕

　　　　B　；使用燃料〔kg〕

　　　　P_T；タービンの軸出力〔kW〕

　　　　P_G；発電機出力〔kW〕

　　　　P_h；所内使用電力〔kW〕

　　　　L　；所内比率〔小数〕

以上の関連を**図6・2**に示す．

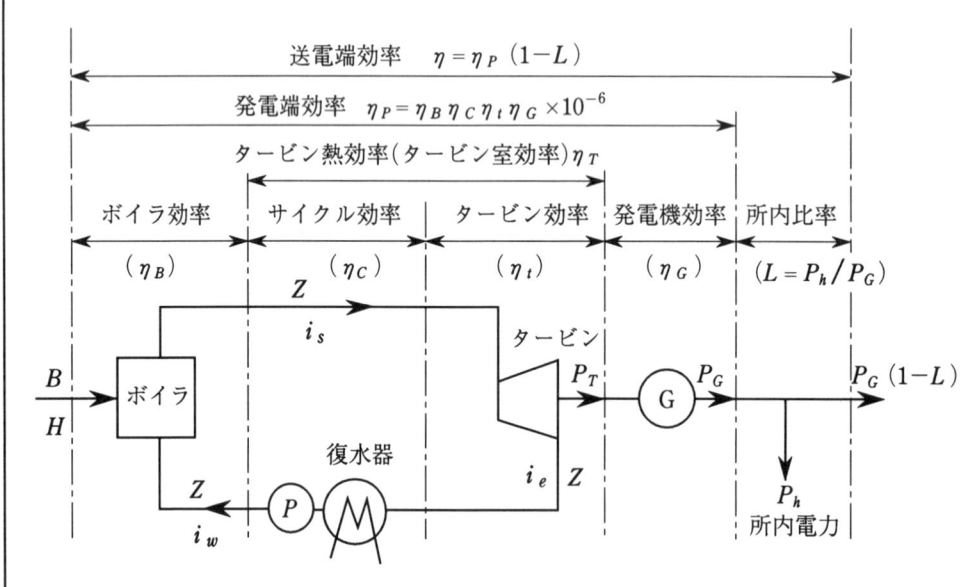

図6・2　火力発電所の熱効率関連図

(6) 再熱式の場合のボイラ室およびタービン室の効率

再熱式プラントにおいては(6・1)式および(6・4)式によってただちにη_Bおよびη_T

は求められない．この場合はつぎのようにすればよい．

ボイラ室効率

(a) ボイラ室効率

図6・3から $i_s = i_0, Z = D_0$ とすれば

$$\eta_B = \frac{i_0 \cdot D_0 + i_{R_0} \cdot R_0 - W_F i_w - R_i i_{R_i}}{H \cdot B} \times 100 \text{ [\%]} \tag{6・9}$$

タービン室効率

(b) タービン室効率

図6・3から

$$\eta_T = \frac{860 \cdot P_T}{D_0 \cdot i_0 + R_0 \cdot i_{R0} - W_F \cdot i_w - R_i \cdot i_{R_i}} \times 100 \text{ [\%]} \tag{6・10}$$

ただし，D_0；過熱器出口（高圧タービン入口）における蒸発量（蒸気量）[kg/h]

i_0；同上における蒸気のもっているエンタルピー [kcal/kg]

R_0；再熱器出口（タービン再熱段入口）の蒸気量 [kg/h]

i_{R0}；同上における蒸気のもっているエンタルピー [kcal/kg]

W_F；給水量 [kg/h]

i_w；節炭器入口の給水のもっているエンタルピー [kcal/kg]

R_i；再熱器入口（高圧タービン出口）の蒸気量 [kg/h]

i_{R_i}；同上における蒸気のもっているエンタルピー [kcal/kg]

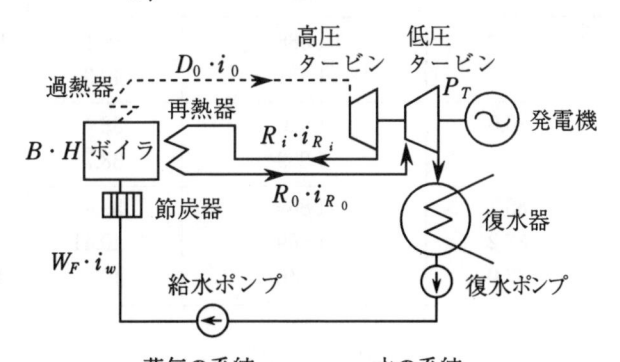

------ 蒸気の系統　　――― 水の系統　　図6・3　再熱式の循環系統

(6・9)式および(6・10)式は配管中における熱損失を無視したものである．また再生サイクルを採用せず，配管中のもれがないものとすれば $D_0 = R_0 = R_i = W_F$ として計算してさしつかえない．

また以上の(6・1)～(6・10)式までの効率は[%]であるが，これらを1/100倍すれば小数値で示される．

6・2　効率の概数値

新鋭火力における，効率の概数値を示すと大体つぎのようになる．

　　　ボイラ効率（η_B）……………………………… 86～90%

　　　タービン効率（η_t）……………………………… 84～90%

　　　熱サイクル効率（η_C）………………………… 43～48%

　　　タービン室熱効率（η_T）……………………… 37～45%

6 火力発電所の熱効率と計算

発電機効率（η_G） ……………………………… 98～99 %

発電所熱効率（発電端 η_P）……………………… 32～40 %

所内比率（L） ……………………………………… 3～7 %

発電所熱効率｛送電端　$\eta_P \cdot (1-L)$｝ ………… 30～39 %

ただし以上は概数であって発電所によっては若干の差異がある．概略計算のためには，大容量のものほど効率の大きい数値を採用すればよい．一般的な発電所の η_P の例は表6・1に示すとおりである．石炭火力では同表（1）の値より若干低い．旧式の火力発電所ではこれよりはるかに低い．

表6・1　火力発電所の熱効率と代表的な熱損失

設計熱効率

(1)　火力発電所設計熱効率

ユニット容量〔MW〕	ボイラ設計効率〔%〕	タービン設計熱消費率〔kcal／kWh〕	設計発電端熱効率〔%〕	使用燃料
66	87.3	2 257	33.0	重油
125	86.3	1 983	37.0	重油・コークス炉ガス
250	87.7	1 888	39.4	重油
300	87.4	1 870	39.5	重・原油
450	87.6	1 841	40.3	〃
500	87.6	1 873	40.3	〃
600	86.0	1 888	39.1	LNG・ナフサ
600	87.6	1 831	40.3	重・原油
700	86.0	1 916	38.4	LNG
700	89.6	1 889	38.7	重・原油
1 000	85.7	1 869	39.46	LNG
1 000	87.2	1 869	40.41	ナフサ
1 000	87.9	1 846	40.7	重・原油

熱損失

(2)　熱損失〔%〕

復水器損失	47	タービンの機械的損失	1
煙突の排ガス損失	4	発電機損失	1
燃料の水分を蒸発させる熱量	6	補機動力，その他	2
炉壁からの放射熱	2		

〔例題1〕

大容量石炭火力発電所において発生する損失のうち，主なものを挙げて説明し，その概数を述べよ．

［解答］送電端効率は30～39％程度であり，60～70％の損失を生じている．

(1) ボイラでの損失

ボイラでの損失の主なものは，ボイラから排出されるガスが持ち去る熱量である．それ以外には，燃料不完全燃焼，未燃分損失，燃料中水分気化潜熱，ボイラからの放射損失などがあるが，排ガスによる損失に比べるとごく少ない．ボイラでの損失は10～14％程度である．

(2) タービン損失

内部損失と外部損失とに分けられる．両者の合計をタービン内部損失ということもある．

狭義の内部損失は，タービン内の蒸気の摩擦損失や翼（blade）と車室のギャップからの蒸気のもれ損失などである．外部損失はタービン排気のエネルギーや軸受などでの損失である．これらの損失はタービン理論仕事（タービン入口と出口の熱量差）の10～16％程度である．

(3) 復水器損失

復水器ではタービンで仕事を終えた蒸気をその排気端で冷却凝結し，真空を作るとともに復水して回収する．蒸気はその温度に応じた飽和圧力をもっているから，なるべく低温で凝結すればそれだけ終圧が下がりより多くの仕事ができる．その反面，冷却水に奪われる熱量の分だけ損失となる．この損失は発電所の全損失の中で最も大きく，使用する燃料のエネルギーの47～50％に達する．

(4) 発電機および励磁機損失

発電機や励磁機では，回転子や電機子での銅損・鉄損を生じ，風損や軸受などでの機械損を生じる．この損失は発電機入力の2～5％程度である．

(5) 所内動力

普通にいう損失とは異なるが，所内補機などでの電力消費がある．補機としては，冷却水・復水・給水用などのポンプ，通風機などがあり，発電端出力3～4％程度である．また，石炭処理（輸送・微粉炭機）や排ガス対策（排煙脱硫・脱硝，電気集塵装置）などでの電力消費がある．これらによる所内比率（所内用電力/発電端電力）は3～7％程度であり，発電入力エネルギーの1～3％に相当する．

(6) 主要変圧器，所内変圧器などの損失

一応，損失としてあげられるが，損失電力は僅少で，全損失に対し無視できる程度である．

6・3 蒸気消費率・熱消費率・燃料消費率

蒸気消費率 (1) **蒸気消費率**

$$z = \frac{Z}{P_G} = \frac{Z}{P_T \cdot \eta_G} = \frac{860}{(i_s - i_e)\eta_t \eta_G} \quad [\text{kg/kWh}] \tag{6・11}$$

熱消費率 (2) **熱消費率**

$$j = \frac{860}{\eta_t \eta_G} = \frac{Z(i_s - i_w)}{P_T \cdot \eta_G} \quad [\text{kg/kWh}] \tag{6・12}$$

燃料消費率 (3) **燃料消費率**

1kWhあたりの発電に燃料何kgが必要かということを示すものである．すなわち

$$f = \frac{B}{P_G} = \frac{860}{H \cdot \eta_P} \quad [\text{kg/kWh}] \tag{6・13}$$

ただし，z；蒸気消費率〔kg/kWh〕

j ；熱消費率〔kcal/kWh〕

f ；燃料消費率〔kg/kWh〕

〔例題2〕汽力発電所において

ボイラおよび蒸気配管装置の効率	81.5％
蒸気タービンの熱サイクル効率	36.2％
蒸気タービンおよび発電機の効率	76.0％
使用石炭の発熱量	6 000 kcal/kg
使用蒸気の保有熱量	772 kcal/kg
排気の保有熱量	504 kcal/kg

である場合，この発電所の総合効率，発電電力量1kWhあたり石炭使用量および蒸気使用量を算出せよ．ただし，1kWhを860kcalとする．

〔解答〕汽力発電所の総合効率は$(6\cdot6)$式から

$$\eta_P = \eta_B \cdot \eta_T \cdot \eta_G = \eta_B \cdot \eta_t \cdot \eta_C \cdot \eta_G = 0.815 \times 0.362 \times 0.76 = 0.2242$$
$$= 22.42\%$$

燃料消費率は$(6\cdot13)$式から

$$f = \frac{860}{H \cdot \eta_P} = \frac{860}{6000 \times 0.2242} = 0.64 \text{〔kg/kWh〕}$$

蒸気消費率は$(6\cdot11)$式から

$i_s = 772 \quad i_e = 504 \quad \eta_t \eta_G = 0.76$ であるから

$$z = \frac{860}{(i_s - i_e)\eta_t \eta_G} = \frac{860}{(772 - 504) \times 0.76} = 4.22 \text{〔kg/kWh〕}$$

〔例題3〕出力66 000 kWの火力発電所で，発熱量5 300 kcal/kgの石炭を毎時32トンの割合で消費している．ボイラ入口給水のエンタルピーを220 kcal/kg，ボイラ出口の蒸気のエンタルピーを810 kcal/kg，蒸発量を260 t/h，発電機効率を98.5％，所内比率を6％とすれば，この発電所の総合効率，送電端発電効率，ボイラ効率，タービン室効率，熱消費率，蒸気消費率および燃料消費率はいくらか．

［解答］総合効率は$P_G = 66 000$, $H = 5 300$, $B = 32 000$であるから

$$\therefore \eta_P = \frac{860 P_G}{H \cdot B} = \frac{860 \times 66 000}{5 300 \times 32 \times 10^3} = 0.335 = 33.5\%$$

送電端効率は $L = 0.06$ であるから

$$\eta_P' = \eta_P(1 - L) = 0.335(1 - 0.06) = 0.315 = 31.5\%$$

ボイラ効率は $i_s = 810$, $i_w = 220$, $H = 5 300$, $B = 32 000$, $Z = 260 000$ であるから

$$\eta_B = \frac{(i_s - i_w)Z}{H \cdot B} = \frac{(810 - 220) \times 260 000}{5 300 \times 32 000} = 0.905 = 90.5\%$$

6·3 蒸気消費率・熱消費率・燃料消費率

タービン室効率は，$\eta_G = 0.985$ であるから

$$\eta_T = \frac{\eta_P}{\eta_B \cdot \eta_G} = \frac{0.335}{0.905 \times 0.985} = 0.376 = 37.6\%$$

熱消費率は

$$j = \frac{860}{\eta_T \cdot \eta_G} = \frac{860}{0.376 \times 0.985} = 2320 \text{ kcal/kWh}$$

蒸気消費率は

$$z = \frac{Z}{P_G} = \frac{260\,000}{66\,000} = 3.94 \text{ kg/kWh}$$

燃料消費率は

$$f = \frac{B}{P_G} = \frac{32\,000}{66\,000} = 0.485 \text{ kg/kWh}$$

なお発電所の熱効率の計算法については，〔例題1〕にも例を示したが，抽気などの行われる場合はこれによる効率増進率を η_T に加味する必要がある．

〔**例題4**〕図は火力発電所の熱平衡線図を示すものである．この出力におけるボイラ室効率，タービン室効率，発電端熱効率および発電端熱消費率を概算せよ．

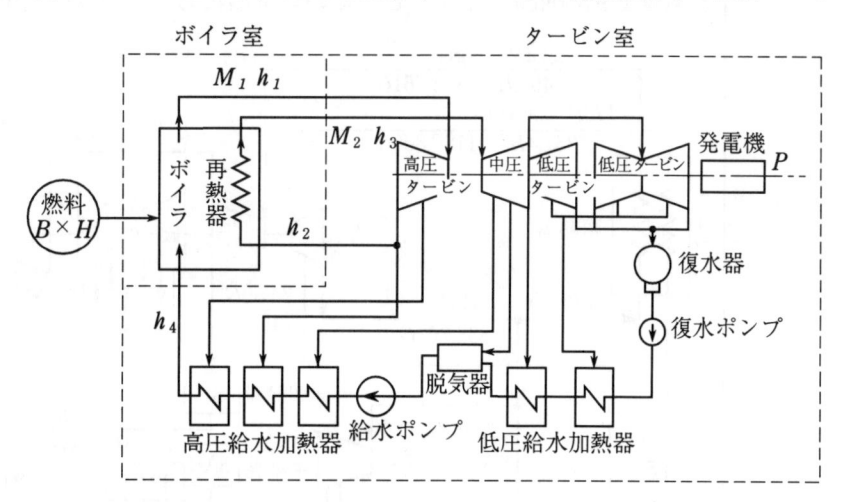

発電機出力 $P = 220\,000$ kW　　エンタルピー
重油発熱量 $H = 10\,200$ kcal/kg　　主蒸気 $h_1 = 830$ kcal/kg
重油消費量 $B = 47.9$ t/h　　再熱器入口 $h_2 = 746$ kcal/kg
主蒸気流量 $M_1 = 690$ t/h　　再熱器出口 $h_3 = 846$ kcal/kg
再熱蒸気流量 $M_2 = 530$ t/h　　給水 $h_4 = 290$ kcal/kg

〔解答〕

$$\text{ボイラ室効率} = \frac{M_1(h_1 - h_4) + M_2(h_3 - h_2)}{B \times H}$$

$$= \frac{690 \times 10^3 (830 - 290) + 530 \times 10^3 (846 - 746)}{47.9 \times 10^3 \times 10\,200}$$

$$= 0.871 = 87.1\%$$

$$\text{タービン室効率} = \frac{P \times 860}{M_1(h_1-h_4) + M_2(h_3-h_2)}$$

$$= \frac{220\,000 \times 860}{690 \times 10^3 (830-290) \times 530 \times 10^3 (846-746)}$$

$$= 0.445 = 44.5\,\%$$

発電端効率＝ボイラ室効率×タービン室効率

$$= \frac{P \times 860}{B \times H} = 0.387 = 38.7\,\%$$

$$\text{送電端熱消費率} = \left(\frac{860}{\text{発電端熱効率〔％〕}}\right) \times 100$$

$$= \frac{B \times H}{P} = 2\,221 \text{ kcal/kWh}$$

〔**例題5**〕ある375MW火力発電所の熱サイクルは図に示すとおりである．この発電所において375MW発電時の1時間あたりの重油消費量は82.9klであった．重油の発熱量を9 850kcal/lとすると，この発電端におけるつぎの値を求めよ．

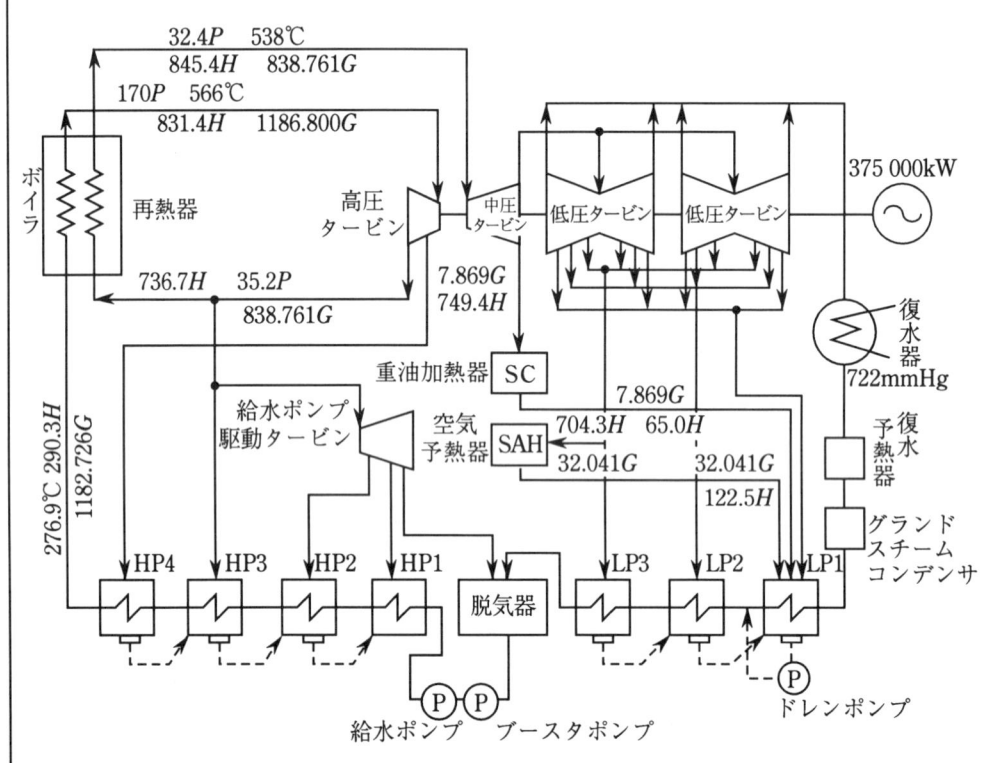

P；圧力〔kg/cm²abs〕　　H；エンタルピー〔kcal/kg〕　　G；流量〔t/h〕

375MW　火力発電所熱サイクル

（イ）ボイラ室効率〔％〕

（ロ）タービン室効率〔％〕

（ハ）タービン室熱消費率〔kcal/kWh〕

（ニ）発電所総合熱効率〔％〕

〔解答〕

（イ）ボイラ室効率　η_Bはボイラからタービンへ送られた総熱量とボイラへの供給熱量の割合で表わせばよいから

$$\eta_B = \frac{H_B}{H \cdot B} \times 100 \quad [\%]$$

ただし，このボイラ出熱H_Bは次式で求められる．

$$H_B = H_1 + H_2 + H_3 - (H_5 + H_6 + H_7 + H_8)$$

ここに

H_1；過熱器出口の蒸気総熱量 $= Z \cdot i_s$ [kcal/h]

H_2；再熱器出口の蒸気総熱量 $= R \cdot i_{R0}$ [kcal/h]

H_3；蒸気式空気予熱器および重油加熱器のドレン総熱量 $= D_h \cdot i_d$ [kcal/h]

H_5；節炭器入口給水の総熱量 [kcal/h]

H_6；再熱器入口の蒸気総熱量 $= R \cdot i_{R_i}$ [kcal/h]

H_7；蒸気式空気予熱器および重油加熱器蒸気総熱量 $= S_h \cdot i_h$ [kcal/h]

H_8；その他タービンよりボイラに供給される総熱量 [kcal/h]

しかるに図から

$H_1 = 831.4 \times 1\,186\,800 = 986.7 \times 10^6$ kcal

$H_2 = 845.4 \times 838\,761 = 709.1 \times 10^6$ kcal

$H_3 = 7\,869 \times 65 + 32\,041 \times 122.5 = 4.4 \times 10^6$ kcal

$H_5 = 290.3 \times 1\,182\,726 = 343.3 \times 10^6$ kcal

$H_6 = 736.7 \times 838\,761 = 617.9 \times 10^6$ kcal

$H_7 = 7\,869 \times 749.4 + 704.3 \times 32\,041 = 28.5 \times 10^6$ kcal

$H_8 = 0$

$\therefore H_B = 986.7 \times 10^6 + 709.1 \times 10^6 + 4.4 \times 10^6 - (343.3 \times 10^6 + 617.9 \times 10^6 + 28.5 \times 10^6)$

$\qquad = 710.5 \times 10^6$ kcal

$\therefore \eta_B = \dfrac{H_B}{H \cdot B} \times 100 = \dfrac{710.5 \times 10^6}{9\,850 \times 82.9 \times 10^3} \times 100 = 87\%$

（ロ）タービン室効率　η_Tは発生電力（熱量換算）とボイラよりの入熱総量の割合で表わすことができる．

$\therefore \eta_T = \dfrac{860 P}{H_B} \times 100 = \dfrac{860 \times 375\,000}{710.5 \times 10^6} \times 100 = 45.3\%$

（ハ）タービン室熱消費率

$$j = \frac{H_B}{P} = \frac{710.5 \times 10^6}{375\,000} = 1\,895 \text{ kcal/kWh}$$

（ニ）プラント熱効率

$$\eta_P = \frac{860 P}{H \cdot B} \times 100 = \frac{860}{\dfrac{H \cdot B}{P}} \times 100$$

$$= \frac{\eta_B \times \eta_T}{100} = 87 \times 45.3 \times 10^{-2} = 39.41\%$$

7 熱効率向上に対する技術的問題

7・1 設計熱効率

設計熱効率

わが国における火力発電所の設計熱効率の標準例を示すと**表6・1**および**表7・1**のとおりである．この表からわかるように石炭専焼と重油専焼ではその熱効率は若干の差があり，重油専焼の方が効率が高い．

表7・1 火力発電所設計熱効率

項目 ユニット容量 〔MW〕	石　炭　専　焼				重　油　専　焼			
	タービン・発電機熱効率〔％〕	ボイラ熱効率〔％〕	プラント熱損失〔％〕	発電端熱効率〔％〕	タービン・発電機熱効率〔％〕	ボイラ熱効率〔％〕	プラント熱損失〔％〕	発電端熱効率〔％〕
66	38.1	87.0	0.8	32.9	38.1	87.3	0.8	33.0
75	41.9	〃	0.8	36.2	41.9	〃	0.8	36.3
125	42.5	〃	0.7	36.7	42.5	〃	0.7	36.8
156	44.6	〃	0.6	38.6	44.6	〃	0.6	38.7
175	44.8	〃	0.6	38.7	44.8	〃	0.6	38.9
220	45.0	〃	0.5	39.0	45.0	〃	0.5	39.1
265	45.5	〃	0.5	39.4	45.5	〃	0.5	39.5
300	45.5	〃	0.5	39.4	45.5	〃	0.5	39.5

7・2 熱効率に影響する諸因子

熱効率の値に影響を与える諸因子について考えてみる．
(1) 蒸気圧力

蒸気温度

$i-s$線図

蒸気温度および排気圧を一定として蒸気圧を変化させると，蒸気圧力が非常に高い場合や，温度があまり高くない場合を除いては圧力の上昇にしたがって熱サイクル効率は増進する．これは$i-s$線図によって簡単に説明できる．**図7・1**は蒸気圧力の変化とランキンサイクル熱消費率およびタービンサイクル熱消費率の関係を示したものであるが，これによってもその模様が理解されると思う．また**表7・2**は蒸気圧力がプラント効率に影響する例を示したものである．すなわち実用プラントの場合，蒸気圧力の高いことは効率の向上となる．

なお，わが国における超臨界圧発電所の熱効率は40.3％程度である．

7・2 熱効率に影響する諸因子

図7・1 ランキンサイクルとタービンサイクルの熱消費率

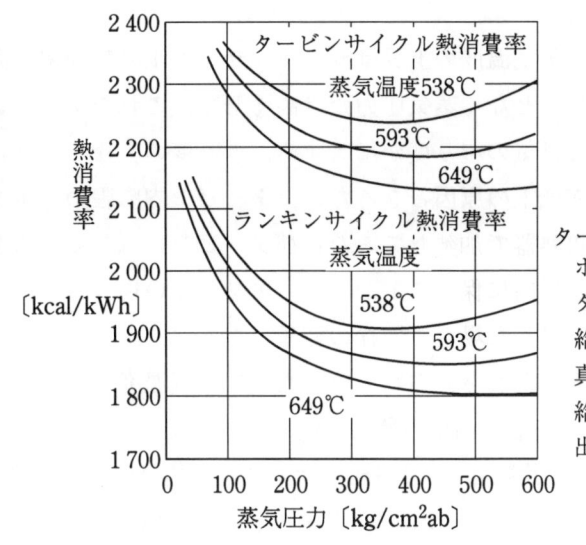

タービンサイクル熱消費率
ボイラ効率；100%
タービン効率；86%
給水ポンプ効率；75%
真　　　空；722mmHg
給水加熱器；なし
出力＝タービン出力－給水ポンプ動力

表7・2 蒸気条件の変化と熱消費率の関係

蒸気温度 [℃]	蒸気圧力の変化 [kg/cm²g]	正味熱消費率の減少 [%]
538/538	101.5→126	1.4
538/538	126 →168	1.7
566/538	168 →245	1.5
566/566/566	168 →245	2.2

(2) 蒸気温度　【蒸気温度】

蒸気温度を上昇すれば熱サイクル効率は増加する．これは$i-s$線図において，蒸気圧力および排気圧を一定として考察すれば判断できるが，普通主蒸気温度28℃上昇ごとに非再熱式で1.1〜1.3％，一段再熱式では0.55〜0.65％それぞれ正味効率が向上するといわれている．

(3) 復水器の真空度　【真空度】

蒸気の初条件一定のもとに排気の圧力を低くすれば，熱降下が増して熱効率は増加する．復水器の真空度は冷却水温度に大きく影響されるが，普通大形タービンでは722mmHgを標準とする．

(4) 抽気による給水加熱

【復水器】ランキンサイクルでは復水器における熱損失（排気の潜熱が冷却水によって運び去られるための損失）はボイラで供給される熱量の約半分を占めている．したがってタービン内の適当な段落から蒸気の一部を抽出し，これによって，ボイラ給水を加熱すれば，その抽気のもっていた潜熱は給水に回収されてボイラに返るから損失とならない．しかしこの抽気を行わず，タービンで排気圧まで膨脹させればもちろん仕事をするわけであるが，その仕事量より抽気をして給水を加熱した方が熱回収【熱回収】【抽気段数】が大きい．したがって抽気段数は多いほどよいわけであるが，標準としては20〜50MWで4〜5段，50〜100MWは5〜6段，100〜200MWは5〜7段，200MW以上は6〜8段である．これは給水加熱器の価格および建設費を含めての経済性を考えてきめられる．

7 熱効率向上に対する技術的問題

蒸気の再熱

(5) 蒸気の再熱

蒸気圧力および蒸気温度の上昇はランキンサイクルの熱効率を向上させるが，蒸気温度を上昇することなく蒸気圧力だけ高くして，これをタービンに与え，排気圧まで膨脹させると排気の湿り度が増大する．湿り度の大なることはタービン翼のエロージョンや効率低下の原因となるため，タービン内膨脹の途中で全蒸気をタービン外に引出して再熱器で加熱してふたたびタービンに返して仕事をさせれば，排気の湿り度を許容限界内に保つことができ，再熱しない場合に比べて同じ湿り度とすれば蒸気温度を上昇した場合と同様の結果となる．しかし非再熱では蒸気温度は金属材料の最高許容値がおさえられているため，蒸気温度の上昇は簡単にはできない（現在用いられている蒸気温度の最高は610℃）．

非再熱サイクルと比較して，1段再熱サイクルの熱効率の上昇は，タービン出力その他で異なるが，約4〜5％である．2段再熱による熱効率の上昇は1段再熱をもとにして約2％であり，それ以上再熱段数を増加しても，その利益は僅少となる．

給水温度

(6) 給水温度

理想的な再生サイクルでは無限段数の抽気を行い，給水温度はボイラのドラム圧力に相当する飽和水のエンタルピーに合わせるのがもっとも熱効率がよい．実際の発電所では抽気段数は有限であるので，最適の給水温度は抽気段数によって異なる．

利用率

(7) 利用率

火力発電所の効率を年間を通じて考える場合は，当然熱効率はその利用率によって大きく影響をうける．年利用率は高いほどよいわけであるが，電源開発方式研究会では火力発電所の日利用率と日運転熱効率の実績をもとにして年利用率と年運転熱効率の関係を**表7・3**のように想定している．

表7・3 年利用率と運転熱効率の変化

年利用率〔％〕	100	90	80	70	60	50	40
運転熱効率の変化率	0.98	0.98	0.97	0.96	0.95	0.94	0.93

(注) 設計熱効率を1としての対比である．

所内比率

(8) 所内比率

発電所の熱効率は発電端において高くても，送電端における熱効率が低ければ意

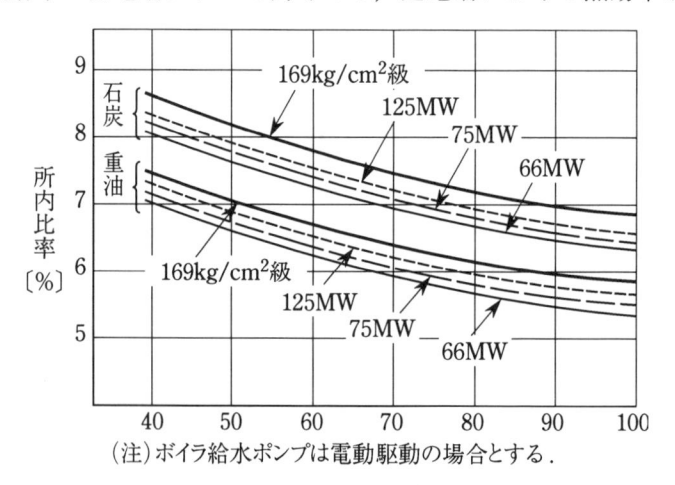

(注) ボイラ給水ポンプは電動駆動の場合とする．

図7・2 年利用率と所内比率

味がない．真の熱効率は送電端において価値判断すべきであるが，このためには所内比率が低くなければならない．この値についてはすでに述べたとおりであるが，年利用率と所内比率の関係を図7·2に示す．

7·3 熱効率向上のため設計上考慮すべき点

熱効率向上　設計にあたっては**熱効率向上**のために，つぎのような諸点を考慮する必要がある．
(1) 高温高圧の採用
この採用により高効率の得られることは既述のとおりであるが，この場合わが国では大体の標準があるため，容量に応じて最適のものを採用すればよい．特に350MW以上のユニットでは超臨界圧のものが一般化している．

再熱再生サイクル
(2) 再熱再生サイクルの採用
75MW以上のユニットでは再熱式が標準である．また再生サイクルは復水器冷却水に排棄される熱量が，抽気によって給水を加熱するためきわめて有効である．両サイクル併用に伴って設備は複雑となるが利点の方が大きい．抽気段数は大容量タービンでは5段以上である．

(3) 節炭器，空気予熱器による煙道ガス余熱の利用および過熱器による蒸気の過熱

(4) 大容量機および単位方式の採用
大容量機の方が効率は高く，建設費が安くなって有利である．

(5) タービンおよび発電機の高速度化
回転数を大とすれば材料・製作費が節約される．

(6) 発電機の水素冷却
水素冷却の採用によって機械損を減少し，出力を増加することができる．とくに大容量の場合は直接冷却方式を採用する．

(7) 微粉炭燃焼装置の採用
他方式に比べて取扱いが容易で燃焼効率もよい．

(8) 重油燃焼方式の採用
重油や原油燃焼は石炭燃焼より効率もよく，設備も簡単で取扱いが容易である．

(9) 自動制御方式の完備
ABC，タービンの各部水位制御，その他高性能の計測器，監視計器の採用によって高効率の運転ができる．

(10) 蒸気タービンの最終段長翼化
(11) コンバインドサイクルの採用
(12) 復水器冷却水の塩素処理
この採用によって復水器の冷却効果をあげることが可能であり真空度を高く保つことができて，タービン効率を高く保持することができる．

その他にもいろいろあげられるが，まとめると図7·3のようになる．

7 熱効率向上に対する技術的問題

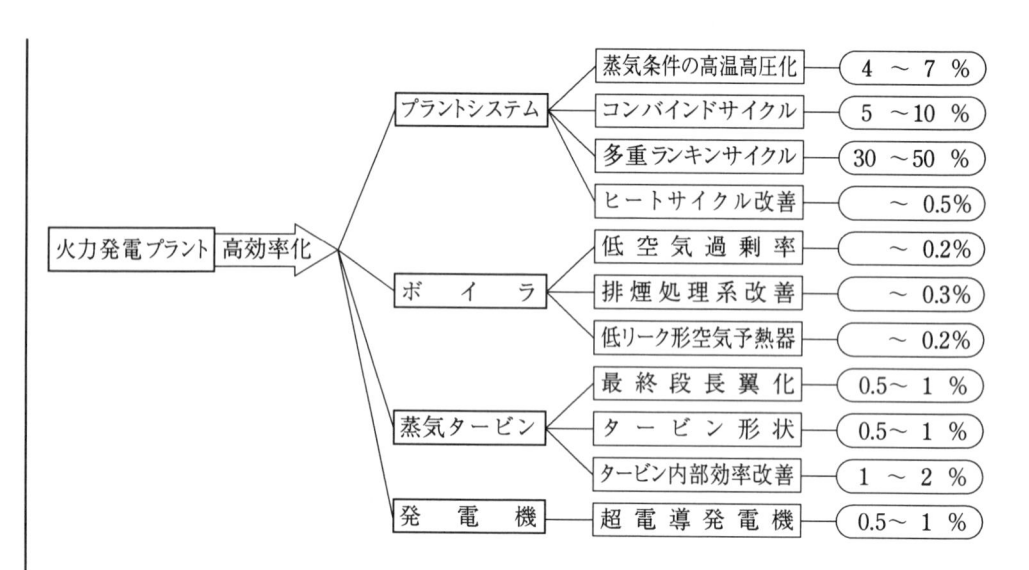

```
火力発電プラント─高効率化─┬─プラントシステム─┬─蒸気条件の高温高圧化──（ 4 ～ 7 %）
                          │                  ├─コンバインドサイクル──（ 5 ～10 %）
                          │                  └─多重ランキンサイクル──（30 ～50 %）
                          ├─ボイラ──────────┬─ヒートサイクル改善────（ ～ 0.5%）
                          │                  ├─低空気過剰率──────────（ ～ 0.2%）
                          │                  ├─排煙処理系改善────────（ ～ 0.3%）
                          │                  └─低リーク形空気予熱器──（ ～ 0.2%）
                          ├─蒸気タービン────┬─最終段長翼化──────────（0.5～ 1 %）
                          │                  ├─タービン形状──────────（0.5～ 1 %）
                          │                  └─タービン内部効率改善──（ 1 ～ 2 %）
                          └─発　電　機──────── 超電導発電機──────────（0.5～ 1 %）
```

図 7・3　火力発電プラントの高効率化

8 既設発電所の熱効率向上策

火力発電所において，熱効率に影響する諸因子については7・2において述べたが既設発電所で蒸気条件その他が設計値と異なった運転をした場合は，既述の理由によって熱効率が変化し，悪条件下においては所期の熱効率を出すことはできない．

ここでは既設発電所が熱効率向上をはかるために，いかなる対策を必要とするかについて略述する．

8・1 発電所の熱効率の検討方法

熱効率　　普通発電所は経済上可能な蒸気条件で最高の効率を得られるように設計されるが，この熱効率は非常に多くの因子によって影響をうけ，実際にプラントが設計の条件で運転されることは非常に少ない．したがって運転条件によっては設計熱効率を発揮しない場合もあり得る．具体的にいえば設計条件以外の状態で運転を余儀なくされた場合，当然設計熱効率を出し得ないわけであるが，このような値を示した場合，はたして正常なものであるのか，あるいは異常であるのかは理論的に検討してみなければ簡単には判断できにくいものである．

熱効率に影響する要素のうち，社会情勢，需給バランス，気象条件などによって生じる不可避的なものとしては，燃料の種類，負荷状況，冷却水温度，大気温度などがある．しかしこれとは違って運転・保守によって支配される要素である蒸気条件，復水器真空度，燃料条件などは一応可避的なものである（可避的ということは，努力によってある程度損失の発生あるいは効率低下をさけることができるという意味である）．

修正係数　　したがってこれを加味して設計熱効率をもとにしてこれを理論的に修正し，任意の運転状態において設計熱効率に換算してその結果を判断するのがもっとも妥当かつ実際的なことである．このような修正係数は発電所の性能試験あるいは熱力学的検討によって求めることができる．普通もっとも顕著に熱効率に影響を与えるつぎのようなものに対して，これらの修正係数を求めておくことがなされている．

(1) 負荷変動
(2) 大気温度（設計大気温度との比較）
(3) 燃料の種類（重油との混焼率，燃料の水分，水素）
(4) 冷却水温度（真空度）
(5) タービン内部効率
(6) 給水加熱器

(7) ボイラ排ガス温度（運転条件による影響）

8・2　熱効率向上に対する諸問題

熱効率低下

8・1で述べたような各要素の検討により，熱効率低下の原因が把握できればこれを最小とするように努力するのが効率改善の考え方であるが，このうち不可避的なものはやむを得ないとして，運転，保守などによって改善可能な可避的なものについて考えてみることにする．

蒸気温度
タービン入口
エンタルピー

(1) 蒸気温度

プラントの熱効率向上対策の一つとしてタービン入口エンタルピーを上昇させることが望ましい．タービン入口エンタルピーは蒸気温度と圧力によって大体決定されると考えてさしつかえない．したがってこれを設計値以下にしないことが望ましい．

しかし運転にあたっては低負荷時や重油混焼率の大きい場合，あるいは定期点検直後のように炉内の清潔な場合は蒸気温度が規定値を保ちにくいことがある．これに対しては

- 重油混焼率の低下
- 上段ミルの使用
- バーナチルトの制御やガス再循環送風機の運転
- 高圧給水加熱器の停止

などがある．

蒸気温度
スプレィ

また蒸気温度に関してはさらにつぎの事項に対して注意する必要がある．

(1) **スプレィ**　蒸気温度低下のためのスプレィの使用は，タービンの抽気量が減少してサイクル効率が低下するため，他の蒸気温度制御との関連や協調を検討しなければならない．

過剰空気

(2) **過剰空気**　ボイラの損失の面からは過剰空気は少ない方がよいが，未燃損失があってはならない．このため未燃損失と過剰空気との経済比較を行って運転の基準をつくるのがよい．ガスO_2〔％〕は定格負荷では重油専焼時は2％程度，石炭専焼時4％程度でさしつかえないといわれている．

スートブロー

(3) **スートブロー**　火炉や過熱器，再熱器などの汚れの除去によって，放射加熱面積が有効活用されるため必要に応じて使用するのがよい．

給水温度

(4) **給水温度**　再生サイクルでは復水器で失われる熱量が減少するので，サイクル効率が向上する再生熱量は同一蒸気圧力に対しては最終給水加熱器の出口給水温度できまるため，これが下がらないようにすることが必要である．

復水器真空度

(2) **復水器真空度**

蒸気タービンサイクルの効率は膨張終点すなわち復水器真空度が絶対真空に近いほどよいわけであるが，これに大きい影響を与えるのは冷却水温度や復水器の汚れである．

復水器水管が汚れた場合は停止するか，あるいは1/2程度の負荷として復水器の

1/2ずつを停止して掃除するのが普通である．この掃除の方法としてはゴム弾を水管内に通す方法や，逆洗弁を設けておいてこれを使用する方法がある．また最近スポンジボールを冷却用海水中に投入して水管を通過するときの清掃効果を期待する装置が考えられている．このほかに塩素処理による冷却水系統の藻や貝類の付着防止も効率向上に有効である．

排ガス温度　**(3) 排ガス温度**

一般に空気予熱器出口温度であるが，これが高いことは熱量をむだに捨ててしまうために損失となる．したがってこれを低下させることが望ましいわけであるが，このためには空気予熱器の性能を管理し，漏えいの防止や，腐食による熱交換面積の低下，閉そくなどを防止しなければならない．

所内電力　**(4) 所内電力**

送電端熱効率の向上のためには所内比率の低下が必要であるが，このためには給水ポンプ，冷却水ポンプ，通風機などの低負荷時の台数軽減，その他適正な補機の運用方針を確立するとともに不用な所内雑電力の節減などをはかる必要がある．

8・3　変圧運転

ユニットを定格運転時のままの蒸気圧で低負荷運転すると蒸気温度が低下し，効率も悪くなる．このため低負荷時において経済的な運転を行うため主蒸気圧力を定格値より下げて運転する方法を変圧運転（variable pressure operation）または減圧運転ともいう．この運転方法によれば総合的な熱効率向上および機器への熱応力的影響の減少をはかることができる．

変圧運転
減圧運転

熱効率　**(1) 熱効率**

変圧運転をすると熱効率は各部においてつぎのように変わり，ユニット全体としては向上する．

(a) 高圧タービン内部効率の向上

主蒸気圧力の低下により加減弁開度は増し，絞り損失を減少させることができるので，高圧タービンの内部効率は向上する．

(b) サイクル熱効率の低下

圧力の低下によってサイクル熱効率は低下する．

(c) ボイラ蒸気温度の上昇

蒸気温度は一般に低負荷時においては定格蒸気温度より低くなるが，減圧すると，

(1) 比熱の減少により同量の熱入力に対して蒸気温度が上がる．

(2) 飽和温度が低下するため過熱器入口蒸気温度が低下し，対流域過熱器においてはガス温度との差が増大し熱吸収量が増加する．

などの理由で蒸気温度が上昇し，タービンサイクル効率が向上する．

(d) 所内動力の減少

蒸気タービン駆動あるいは流体継手付電動変速ポンプの場合は，圧力の低下により所内動力が減少する．

8　既設発電所の熱効率向上策

タービン 熱応力の減少	(2) タービン熱応力の減少 　変圧運転によって過熱器出口蒸気温度があがるとともに，絞りによって温度降下の影響も少なく，タービンメタルの急冷の防止と温度の均一化に役だち，タービン厚肉部メタルの熱応力を減少することができる．

9 熱管理と熱勘定

9・1 熱勘定と線図

熱管理 　燃料の有効利用をはかることが熱管理であるが，火力発電所の熱管理を行い，熱効率を向上させるためには運転実績および試験成績によって発電所内の燃料の燃焼から発電までの間の熱の発生，吸収，損失などの過程を分析して熱の分布を勘定す

熱勘定 　る必要がある．このような勘定を熱勘定（heat balance）というが，熱勘定を行うことによって，これを検討して各部の熱損失を減少させるような手段方法を講ずることができる．

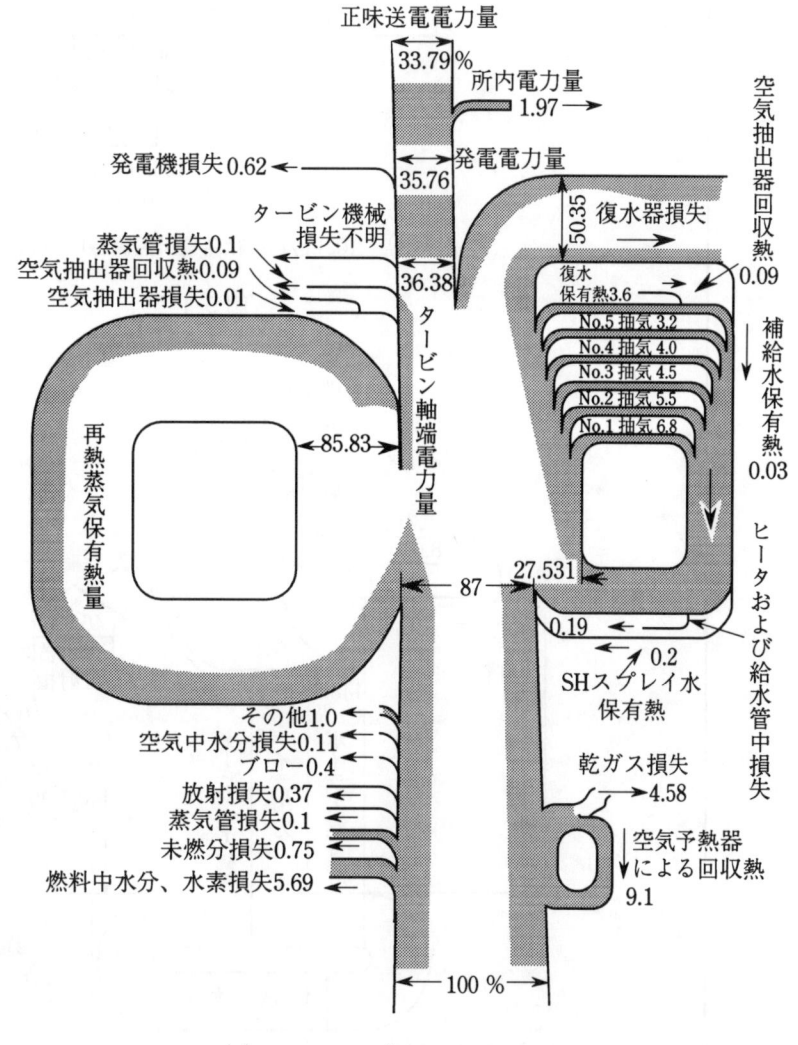

(a) 102kg/cm² 級発電所熱勘定図例 (1)
(1段再熱，5段抽気)

9 熱管理と熱勘定

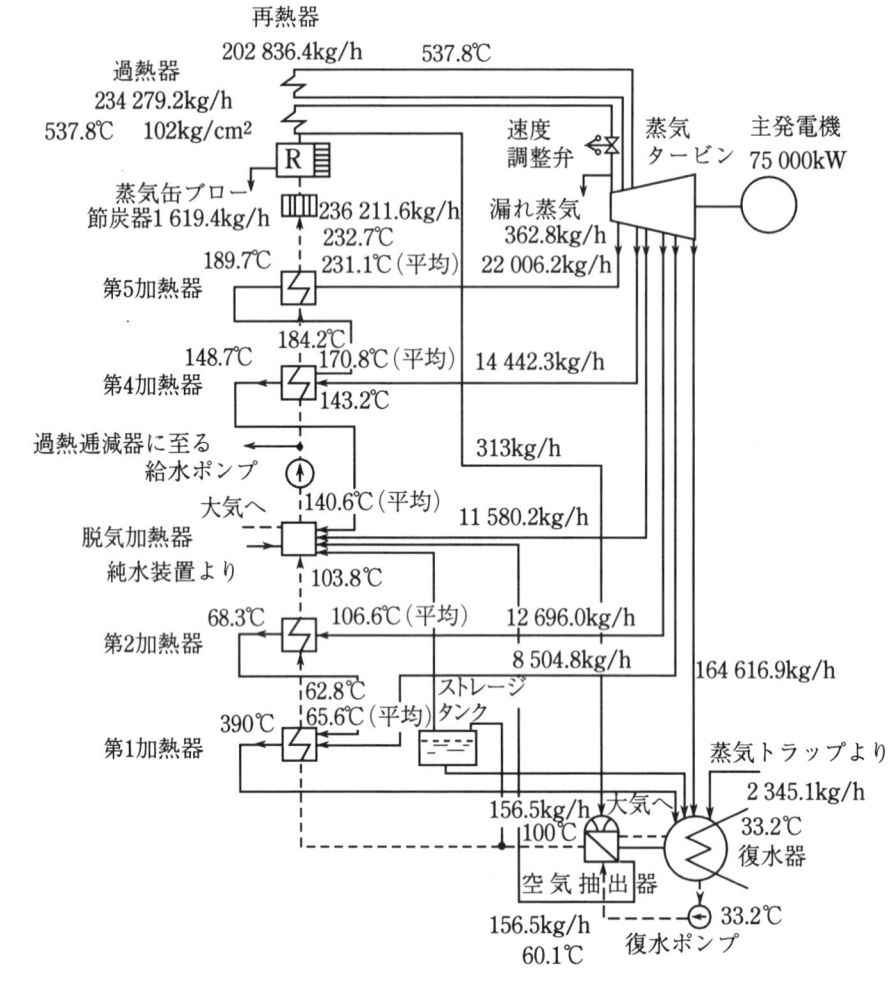

(b) 102kg/cm²級発電所熱流線図例(1)

図9・1

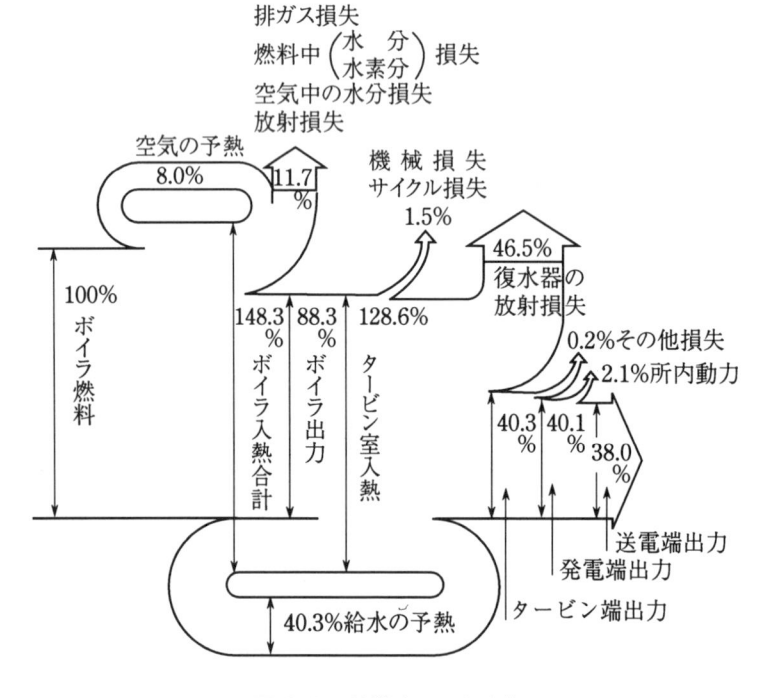

図9・2 熱勘定図の例(2)

9・2 熱勘定計算

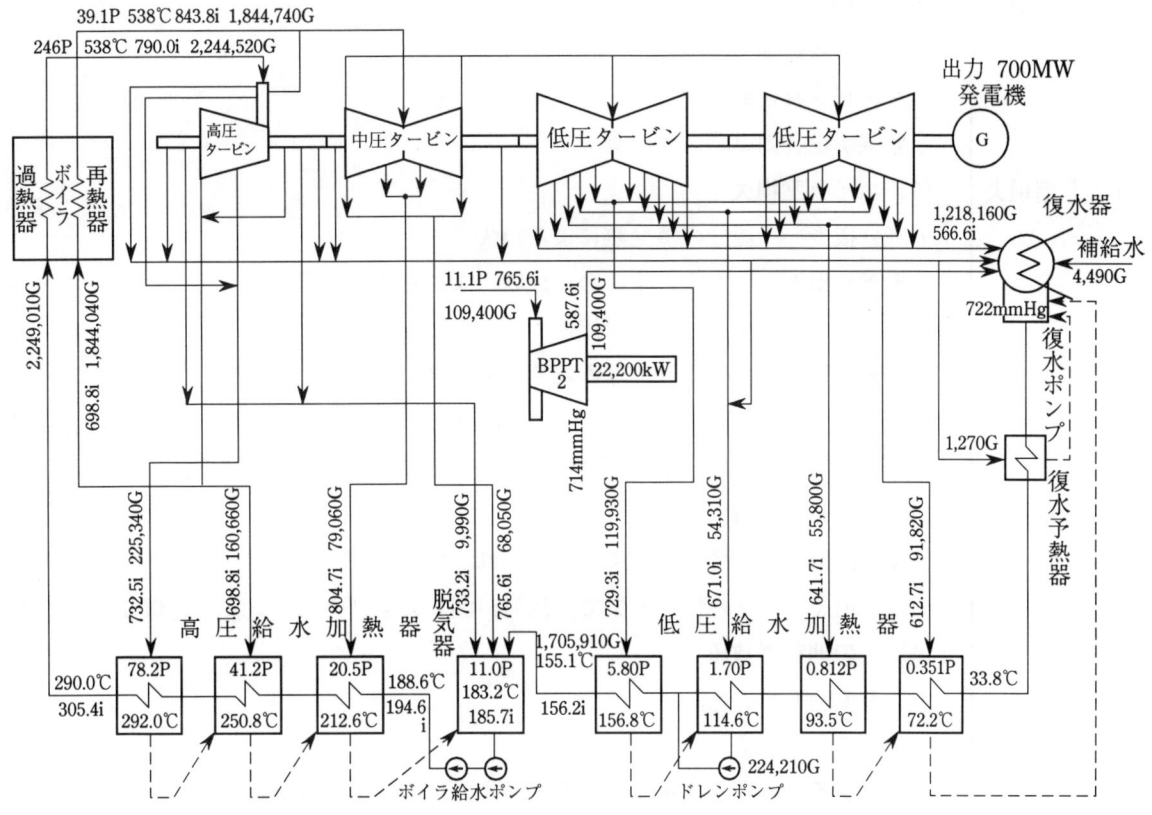

P＝atm（圧力）， G＝kg/h（流量）， i＝kcal/kg（エンタルピー）
（注） 1atm＝0.101325MPa， 1kcal/kg＝4.18605kJ/kg

図9・3 熱平衡線図例（2）

熱勘定の結果はこれを図示して，一見して発電所内の熱分布状態がわかるようにする．図示の方法には**図9・1(a)**および**図9・2**のように熱量のみの出入を示す熱勘定図と，**図9・1(b)**および**図9・3**のように各設備の相互連絡を記号によって表わし，これに圧力，温度，流量および熱量を記入する熱流線図とがある．

熱流線図

熱流線図によれば，熱量のみならずその諸元が明示されるが，燃料関係がわからないので両者の併用が望ましい．しかし設計や設備劣化の審査には熱流線図を，設備運用の良否を比較するためには熱勘定図を使用するのがよい．

9・2 熱勘定計算

熱勘定の計算を行うためには，これに必要な試験を行って，その数値を求めておく必要がある．この試験は負荷の変動を避け，燃料はなるべく同一銘柄のものを使用し，石炭の試料採取は自動あるいは手動で規則正しくする．また試験中はボイラの灰出し，すす吹きもなるべく避け，試験に使用する計器類は十分較正したものを用いる．この試験結果にもとづいて計算する場合は観測量すべて乾炭1kgあたりに概算して計算する．計算方法は設備の方式によって若干異なるが，つぎのような諸事項を計算する．

9 熱管理と熱勘定

熱効率

(1) 熱効率
- ボイラ室効率
- タービン室効率
- 発電所総合効率

ボイラ室損失

(2) ボイラ室損失
- 湿分損失　　湿分の蒸発熱による損失
- 未燃分損失　　もえかす中の可燃物による損失
- 不完全燃焼損失　　不完全燃焼ガスCOによる損失
- 排気損失　　煙突より逃げる乾き煙道ガスによる損失
- その他　　上記以外の損失で，固有水分および水素燃焼による水の蒸発熱，吹出し，すす吹き，放射，漏出，ばい煙，空気中の水蒸気などによる．

タービン室損失

(3) タービン室損失
- 復水器損失　　冷却水により持去られる損失
- 残余損失　　その他の損失で，放射，漏れおよびタービン，発電機などによる．

(4) その他参考数値
- 炉の燃焼率
- 火炉の発生熱量
- ボイラ各部の吸収熱量・過熱器・節炭器・空気予熱器など
- 予熱空気量
- 一次空気量
- 復水器放出熱量および冷却水量の倍数
- タービンの蒸気消費量および蒸気消費率
- タービン排気量，抽気量，空気抽出器用蒸気量など

以上の各数値の概数は図9・1および図9・2などを参照して記憶しておく必要がある．

10 火力発電所の試験

10·1 火力発電所の試験の種類

発電所の試験は大別して
(1) 新設発電所の竣工と，既設発電所の設備の増設，改造に伴う試験
(2) 運転中の発電所において定期的，あるいは臨時的に必要に応じて実施する試験
(3) その他必要に応じて行う機器，装置などの性能試験，受入試験

などがある．これらの試験に対しては技術基準，電気事業法などによる諸検査ならびに試験，いわゆる官庁検査および製造者または使用者独自の社内試験などがあるが，ここでは現地における検査・試験を主として説明する．

官庁検査　なお，火力発電所の建設工事中の官庁検査の種類としては，電気事業法の適用によって溶接検査および使用前検査としてのすえ付中検査および竣工検査がある．

10·2 ボイラ・タービンおよびその付属設備に対する検査・試験

火力発電所の建設が開始され，これが完成するまでには，工事の途中においてその都度必要に応じて種々の検査が行われ，また完成後も定期的な検査が実施されている．前者は工事が設計どおりに建設されていることを確認するためのものであり，後者は運転の保安と発電能力の確保を確認することが主目的である．

またこれらの検査は建設工事の過程において製造業者，すえ付業者，施設者，または監督官庁などにおいてその都度実施される．

溶接検査　**(1) 溶接検査**

近年高圧・高温・大容量のボイラ・タービンが建設されるようになり，この結果使用材料の厚さも増してきたため，従来採用されていたびょう継手によることは困難となり，これに代わって飛躍的に発達した溶接による方法が採用されている．

溶接による場合は工事期間が短縮され，建設費も低減できる利点がある．しかし高度の信頼を得るためには溶接の施工法，材料の吟味などを周到に行い，優秀な溶接士または自動溶接機などによって慎重に行うことが必要であり，安全を期するため電気事業法第46条「定期自主検査」にもとづいて検査が行われることになってい

10 火力発電所の試験

る．

溶接検査の対象となる機械・器具は，ボイラ，独立過熱器，蒸気貯蔵器，蒸気だめ，熱交換器または作動用空気加熱器に属する容器，および外径150mm以上の管である．また検査，試験はつぎについて行われる．

(1) 溶接作業時　　開先検査，溶接中検査

(2) 非破壊検査を行うことができる状態となったとき　　放射線透過検査，超音波深傷試験，磁粉深傷試験などが行われる．

(3) 突合わせ溶接部について機械試験を行うことができる状態になったとき
試験片を作成して諸機械的試験を行う．

(4) 耐圧試験を行う状態になったとき　　溶接部は最高使用圧力の1.5倍の水圧（水圧で試験を行うことができない場合は1.25倍の気圧）で試験を行い，これに耐えまたは漏れのないことを確認する．

(2) 使用前検査

汽力発電所の建設工事の途中において，

(a) 蒸気タービンの車室の下半部のすえ付けが完了したとき

(b) ボイラの本体または独立過熱器の本体の組立てが完了したとき

(c) 工事の計画に係るすべての工事が完了したとき

|保安規程| の各段階においては電気事業法第42条「保安規程」にもとづいて監督官庁の使用前検査が行われる．このうち (a), (b) についてはすえ付中に行われ，建設工事が設計どおりに施工されていることを確認することが主目的である．

|すえ付中検査| すえ付中検査の検査項目にはつぎのものがある．

・ボイラの構造および外観検査
・ボイラ各部の寸法計測および使用材料の確認検査
・ボイラの水圧検査
・ボイラ用安全弁の構造および外観検査
・ボイラ用安全弁の寸法および材料の検査
・タービンの構造および外観検査
・タービンの各部の寸法計測および間げき計測検査
・タービンのセッティングにおける各種記録の検査
・タービンの使用材料の検査

ボイラに対しては水圧試験，材料検査，寸法測定，内外部の点検などが実施される．水圧試験は最高使用圧力の1.5倍で行われ，溶接施工部分，拡管部などから漏水のないことを確認する．また各部分の主要寸法を実測して設計どおりのものが使用されていることを確認する．内外部の点検は材料の欠かん，たとえばき裂，腐食などの有無を点検し，内部に異物が残ってないことを確認する．

タービンの検査としては材料検査，寸法測定，各部の点検などがあげられる．タービンは主要部品が高速回転体であり，かつ非常に多くの精密な部品の組合わせによって構成されているので，各部の一つ一つがよくても組合わせ後の状態が悪ければきわめて危険であるため，慎重に点検される．とくに回転部分と静止部分の間隙については注意して点検する必要がある．

|竣工検査| **(3) 竣工検査**

10・2 ボイラ・タービンおよびその付属設備に対する検査・試験

使用前検査　使用前検査のうち前述の (c) は従来竣工検査と呼ばれていた検査であるが，これは建設工事が終了し，ボイラの火入れ，ボイリングアウト (boiling out) あるいは酸洗いが実施されるとともに，タービン・配管などのフラッシングが行われた後に，製造者，施設者，監督官庁などの立合いで検査が行われる．この検査は工事が工事計画書に従って行われているか，工事に未完成部分がないかなどを検討し，技術基準に適合しないものがないかなどを各種試験を行って検査する．また発電設備が計画どおりの出力を安定した状態で出すことが可能であることを確認する．したがってこの試験においてはボイラ・タービンおよびその付属設備の運転状態を詳細に調査するのはもちろん，貯炭設備，貯油設備，運炭装置，灰捨装置，冷却水設備，給水処理設備などの諸装置からボイラ用水，冷却用水の水質，水温，水量などに至るまでくまなく調査し，発電所が総合的に運転されて行く上に常に異常をきたさないことを確認する．検査の主要な項目にはつぎのようなものがある．

- 一般記載事項
- ボイラ関係安全弁作動試験
- 補機関係安全弁作動試験
- タービン保安装置試験
- ボイラ保安装置試験
- 警報装置試験
- ユニットインタロック試験
- 非常調速機試験
- 調速装置試験（負荷遮断試験）
- 負荷試験
- 電気関係試験（10・3で述べる諸項目）
- 排ガス中の全いおう酸化物およびほこりの含有量測定試験
- その他の公害関係諸測定試験

以下にこれらの諸試験中の主要なものについて述べるが，電気関係の竣工検査については10・3で述べる．

安全弁作動試験　(a) **安全弁作動試験**（safety valve operation test）

ボイラにはドラム，過熱器，再熱器などに安全弁が設けられており，その吹出し圧力，吹下り圧力，およびリフトなどを計測し技術基準に適合しているかどうかを確認する．その他作動状態が円滑であること，前漏れ，後漏れなどがないことなどについてチェックする．

その他補機関係の安全弁についても同様に試験する．

タービン保安装置試験　(b) **タービン保安装置試験**

タービンの事故防止，安全運転のためのトリップ機構の作動状況および各補機の自動始動状況を確認する．この試験は実際使用状態で行われるのが望ましいが，保安上の影響など種々の問題が伴うので，他の試験を行う際に実施するか，停止中に行うか，あるいは運転中に行うか，またその試験方法などをあらかじめ決定しておくことが必要である．

タービン保安装置　タービン保安装置のおもなものはつぎのとおりである．

- 油ポンプ自動作動試験

10 火力発電所の試験

・タービントリップ機構試験
・タービン弁開閉試験
・ロックアウト弁作動試験

表10・1はタービン保安装置試験の例を示す．

表10・1 タービン保安装置試験の例

(a) タービン停止中実施可能なもの

	試 験 名 称	単 位	基 準 値
1	ストップバルブトリップ	―	―
2	マスタトリップ	―	―
3	推力軸受故障	[mm]	前後部推力軸受が0.76〜0.89の摩耗でタービントリップ
4	排気室温度高	[℃] [℃]	80 107
5	制御油圧低	[kg/cm²]	8.7
6	軸受油圧低下	[kg/cm²]	0.7
7	軸受油温度高	[℃]	68
8	ターニングギヤモータトリップ油圧	[kg/cm²]	0.7
9	ターニングギヤ油ポンプ自動始動	[kg/cm²]	1.2
10	DC油ポンプ自動始動	[kg/cm²]	1.2

(b) 回転中(無負荷時)に実施するもの

	試 験 名 称		単 位	基 準 値
1	主調速機	HSS	[rpm]	3 210 (107%)
		LSS	[rpm]	2 850 (95%)
2	先行非常調速機	RS	[rpm]	3 030でICVが閉り始め
		TS	[mm]	3 000でICV半閉 (89mm)
3	オイルトリップ低速限	一次タービン 二次タービン	[rpm]	2 880以下
4	非常調速機	一次タービン 二次タービン	[rpm]	3 300〜3 330
5	バックアップ調速機	一次タービン 二次タービン	[rpm]	3 270 (テスト位置で)
6	補助油ポンプ自動始動		[kg/cm²g]	12.3

ボイラ保安装置試験

(c) **ボイラ保安装置試験**

ボイラの保安装置であるパージインタロック(purge interlock)は，燃料系統のロックと，始動時の誤動作防止を目的としているので，異常事態の発生に対して各種機器の関連動作が急速に的確に行われることを確認することが必要である．とくに燃料遮断弁関係は，弁の開閉の状況を現場で実際に確認する．

警報装置試験

(d) **警報装置試験**

各機器の警報装置が確実に働くかどうかを確認する試験で，実際にその状態の再現ができないものは，等価的にその条件を作って行う場合もある．

10・2 ボイラ・タービンおよびその付属設備に対する検査・試験

ユニットインタ
ロック試験

(e) ユニットインタロック試験

ボイラ，タービン，発電機と関連されたインタロックの試験で，おもな目的は各機器を保護することであり，緊急時の応急動作が的確に行われなければならない．試験はいくつかの動作源のうちから選択して，定められた動作源により関連動作を経て関連機器の動作状況を確認する．特別の場合を除き無負荷運転時に行い，単にシーケンステストではなく，弁の開閉の状況も実際の動作を確認することが必要である．

非常調速機試験

(f) 非常調速機試験（emergency governor test）

無負荷運転中，同期ハンドルにより回転数を上げ，規定回転数の111％以下の速度で確実に動作することを確認する．試験は確実を期して2回以上行うのが普通である．

調速装置試験

(g) 調速装置試験

(1) 主調速機作動速度限試験

低速限度と高速限度における回転数を計測する．

負荷遮断試験

(2) 負荷遮断試験（governor test または dumps test）

調速機が所要の負荷時に確実に動作すること，負荷遮断時にはいかなる傾向があるか，保安装置としての機能が十分発揮されるかなどを確認するための試験で，一般に1/4，2/4，3/4，4/4の各負荷で通常低負荷から順次行う．負荷遮断したときに達する速度は非常調速装置が作動する速度，すなわち定格速度の111％未満でなければならない．

負荷遮断後回転数が安定するまでの間，回転数，油圧，サーボモータ，インタセプト弁などが円滑に作動していることを確認する．また試験時は記録の検討の資料とするために回転数，発電機電圧，周波数，励磁機電圧，電流，油圧，インタセプト弁リフトなどをオシロ計測する．普通遮断前の負荷は営業系統に併列して実施されるので，大容量機の試験のときは負荷遮断後系統に悪影響をおよぼすことがないよう注意する必要がある．**表10・2**は調速機試験の一例である．また**図10・1**は調速機試験における負荷遮断時のオシログラムの例を示す．

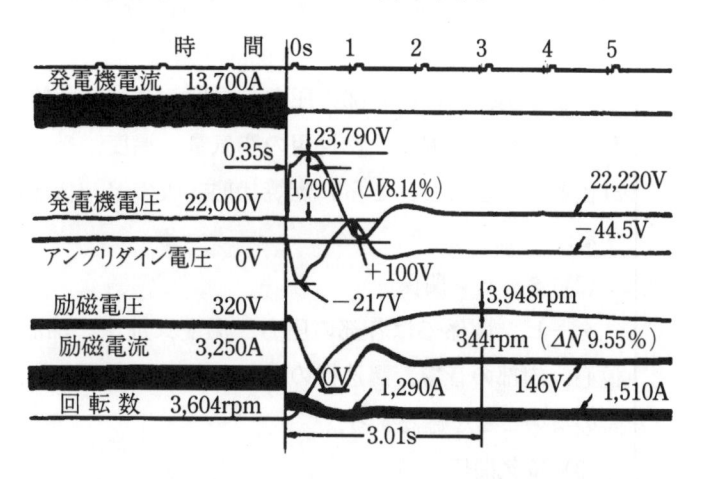

図10・1 調速機試験（負荷遮断試験）オシログラム
（500MW，22kV 4/4負荷遮断例）

10 火力発電所の試験

表10·2 調速機試験記録

遮　断　負　荷		単位	3/4 (57MW)			4/4 (75MW)		
項　　　目			遮断前	最　大	整　定	遮断前	最　大	整　定
蒸気条件	主蒸気圧力	kg/cm²G	102	106	105.8	102	108.5	108
	〃　温度	℃	534	535	532	537	534	535
	再熱蒸気圧力	kg/cm²G	18.2	10.5	0	25.1	15.2	0
	〃　温度	℃	541	541	533	537	537	530
復水器真空度		mmHg	725.3	725.3	736.3	721.5	721.5	736.0
蒸気流量		T/H	173	15	25	235	24.8	25.0
回転数		r.p.m	3 600	3 840	3 670	3 610	3 920	3 680
速度上昇率（計器）		%		6.67	1.94		8.59	1.94
時間	遮断より最大まで	sec		1.9			2.5	
	〃　整定まで	〃			95			90
ロードアンチシペータ				動	作		動	作
油圧	一　　　次	kg/cm²G	2.23	2.48	2.31	2.23	2.58	2.23
	二　　　次	〃	1.33	2.71	1.72	1.16	2.98	1.78
	補助ガバナ	〃	0	5.6	1.7	0	7.9	1.98
サーボモータリフト	右	mm	65	10	17	90	10	16
	左	〃	62	8	17	93	9	17

またこの負荷遮断試験に先だって非常調速機の試験を行っておくのが普通である．

負荷試験

(h) 負荷試験（load test）

この試験はプラントが定格負荷で長時間連続運転をして，設計条件のもとで安全かつ円滑な運転によって計画どおりの出力を出すことができるかどうかを確認する試験である．各部が異常なく，施設が適切であり，各付属設備の相互の関連も的確で安定していること，主機，補機，管系などのすべてが異常振動や騒音の発生がなく，保安上なんらの不安もなく運転できることを確認する．また石炭，重油のどちらでも専焼できるボイラでは，おのおのの燃料について行われる．試験は全負荷運転を行って各部の状況を記録し，その結果を判定する．

(1) ボイラ関係

ボイラ関係では，各部の圧力，温度，蒸気量，給水量，給水温度，燃料の使用量および発熱量，温度，燃焼用の空気量，温度，排ガス温度，火炉ドラフトなどを設計値と比較検討し，さらに燃焼状態，灰の溶結状況などに着眼して運転状況を確認する．

(2) タービン関係

タービン関係では各部の圧力，温度，油圧，油温，冷却水温度，振動，伸び差，偏心，内部の音響，調速機の動作など詳細に調査し，各部の運転状態が安定し，異常のないことを確認する．

(3) 電気関係

電気関係では発電機・変圧器などの電気機器の最大出力時における温度上昇の試験が主になっている．発電機では固定子，回転子，冷却用ガスの温度，発電機電流など，変圧器では油温，変圧器本体温度，電流などの変化状況を計測し，各種電気

機器が連続して設計出力の発生に支障のないことを確認する.

(i) その他

(1) 煙道排ガス中の塵あい濃度の測定ならびに全いおう酸化物測定試験

この測定は，JISに定められた方法によって行うが，測定箇所，測定時間，回数をあらかじめ検討し，さらに測定に関する諸装置の概要，気温，負荷状況，使用燃料の種類，成分，使用量，過剰空気などの計算の諸要素の確認が必要である.

(2) 騒音測定

発電所構内，構外などの各所で騒音を測定する．運転中はもちろん，必要に応じて休転中の騒音も測定して比較する.

(3) 排水温度測定試験

復水器冷却水排水温度を測定する.

(j) 電気関係諸試験

10·3に述べるような試験を行う.

定期検査 　(4) 定期検査

定期検査はタービン・ボイラを定期的に開放し，内外部の詳細な点検を行う．火力発電所のボイラ・タービンは電気事業法第54条「定期検査」によってボイラは毎年1回，タービンは2年に1回定期検査を行うことが規定されている．この目的は事故による損傷，危害，系統への悪影響を防止することにあるわけである.

定期検査はボイラ・タービンごとに開放し，各部にわたって点検する．ボイラでは安全弁，ボイラ胴，管寄せ，各管系，給水ポンプ，燃焼装置その他付属設備の内外面について摩耗，腐食，き裂などの有無，スケールの付着状況などについて点検する．ボイラ胴，管寄せ，安全弁などの重要部分の点検は慎重に行うのはもちろん，事故発生件数のもっとも多い管系類についても，とくに詳細に点検する必要がある.

タービン関係では車室，車軸，円盤，仕切板，翼，軸受，各種バルブ類，調速機構，ラビリンスパッキン，復水器関係その他付属装置について点検するが，回転体を中心として多くの部品の組合せによって構成されているので，各部について詳細に点検する必要がある.

10·3　電気関係の検査・試験

竣工検査 　(1) 竣工検査

竣工検査時に行う官庁検査の項目はつぎのようなものである.

・接地抵抗測定

・絶縁抵抗測定

・絶縁耐力試験

・保護装置試験

・遮断器関係試験

・水素および密封油関係保護装置試験

・固定子冷却関係保護装置試験（固定子内部水冷却方式の場合）

10　火力発電所の試験

・所内母線（電源）切換試験
・総合インタロック試験
・調速機試験（負荷遮断試験）
・負荷試験（出力試験）
・非常用予備発電装置試験
・外観検査
・上記に含まれない事項について技術基準適合の確認
・その他必要と認める検査

なおこれらの試験のうちのあるものは日常の試験，定期検査においても同様に行われることが多い．以下に上記の試験の主要なものについて述べる．

絶縁抵抗測定
接地抵抗測定

(a) 絶縁抵抗測定および接地抵抗測定

絶縁抵抗を測定することは電気機器および電気回路の絶縁物の絶縁状態の良否を判断するために行われるものであり，絶縁耐力試験を行う前に実施する場合，または保守上絶縁物の劣化を早期に発見して事故を未然に防ぐために行われる．またこれと並行して接地抵抗の測定を行う．

電気設備技術基準では高圧および特別高圧の工作物に対して，絶縁抵抗を規定せず，絶縁耐力を規定している．絶縁抵抗値がどれだけあればよいかは吸湿，清潔の程度あるいは器機の温度，計器の使用法などでいちじるしく差異があって絶対的なものがない．

JEC－2100（JIS 4002）では許容限度として次式が用いられている．

$$\frac{定格電圧}{1000 + 定格出力〔kVA〕} 〔MΩ〕 \quad (10\cdot1)$$

絶縁耐力試験

(b) 絶縁耐力試験

技術基準で要求されている各機器ごとの絶縁耐力はつぎのとおりである（詳細は「技術基準の解釈」を参照されたい）．

・回転機および水銀整流器の絶縁耐力（技基の解釈第15条）
・変圧器の絶縁耐力（技基の解釈第17条）
・器具の絶縁耐力（技基の解釈第18条）

この規程によって試験電圧値の算定の基礎となる最大使用電圧は，普通の運転状

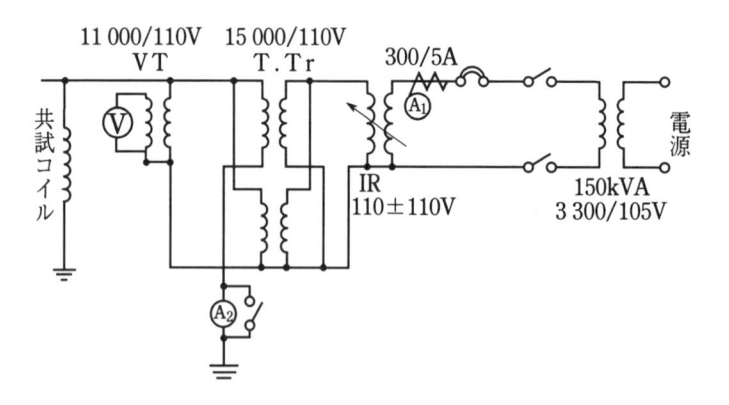

図10·2　耐圧試験回路例

態でその回路に加わる線間使用電圧の最大値であって，電源となる変圧器の最高使

-64-

用タップ電圧，あるいは公称電圧の1.1倍のいずれかにする場合が多い．

耐圧試験時には大容量の発電機，ケーブルなどは充電電流が大きいために電源および供試用変圧器はこれに適応する容量が必要である．図10・2は10kV関係工作物に対する耐圧試験回路の一例を示す．

発電機特性試験

(c) 発電機特性試験

無負荷特性試験

(1) 無負荷特性試験

発電機を定格速度，無負荷で運転し，界磁電流を零から徐々に増加して界磁電流と端子電流との関係を求める．つぎに電圧が定格電圧の120％以上に達してから徐々に界磁電流を減じて同様の測定を行い，両者の平均をとって無負荷飽和曲線を得る．

短絡特性試験

(2) 短絡特性試験

発電機を定格速度で運転し，界磁電流を零からしだいに増加して電機子に通ずる持続短絡電流を定格電流またはそれ以上として三相短絡曲線を得る．また必要に応じて単相短絡試験を行う．図10・3は発電機特性曲線の一例を示す．一般に官庁検査のときにはこの試験を行わない．

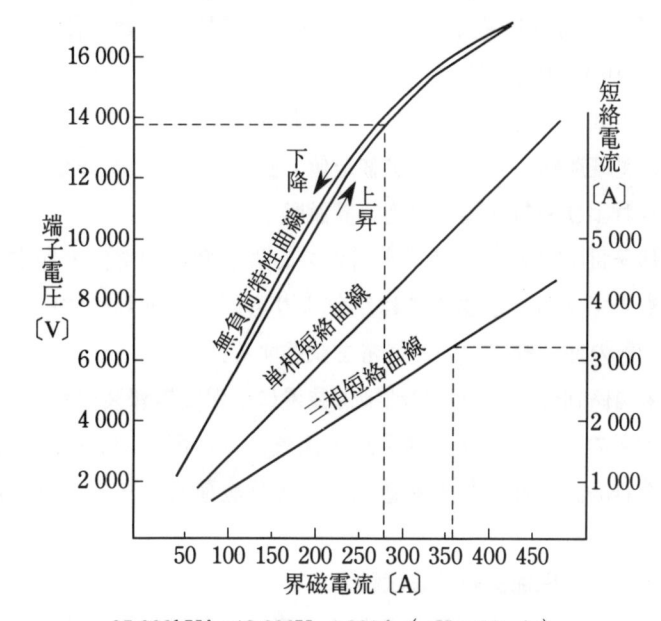

95 909kVA　13 800V　4 020A　(at H_2　30psig)
76 727kVA　13 800V　3 210A　(at H_2　0.5psig)
三相　60Hz　3 600 r.p.m

短絡比（at 0.5psig）$= \dfrac{288}{360} = 0.80$

図10・3　発電機特性曲線

保護装置試験

(d) 保護装置試験

保護装置試験は発電所の機器等に異常を生じた場合，これを検出して継電器が動作することにより，関連する遮断器の動作および発電機，タービン，ボイラなどの停止動作が正しく行われることを確認するための試験である．

また保護すべき対象の軽・重の程度により警報にとどめるか，あるいは関連機器の遮断をさせるかが区別される．

また試験方法は発電機の停止中あるいは運転中に行う場合があるが，停止中に行う場合は各種の継電器に電流を流すか，または手動で接点を閉じて関連する遮断器が確実に動作するか，また故障表示，ブザー警報などが正しく行われるかを確認す

る．運転中に行う場合は，可能な範囲で実動作あるいは継電器の接点を閉じて行う．

保護継電器には多数の種類があるが，技術基準で必要とされている継電器は，必ず遮断器との連動試験を行い，その他の継電器については適宜抜取りで試験することが多い．なお継電器の単体試験は必要に応じて抜取りで行う．

(e) 遮断器関係試験

遮断器関係試験

(1) 遮断器と開閉器（断路器）間のインタロック試験

普通負荷電流を通じている断路器は，遮断器を開いたあとでなければ開かれないようにすべきで，閉動作の場合はこの逆である．これのインタロックが完全かどうかの確認を行う．

(2) 空気タンクの容量試験

空気圧縮操作の遮断器では，給気弁を閉じて空気の補給のない状態で，入切の操作を連続して1回以上（再閉路保護方式の場合は2回以上）できることを確認する．

(3) 圧縮空気発生装置自動始動試験

人為的に空気タンクの排気弁を開いて気圧を徐々に下げて圧縮機の自動始動を確かめ，つぎに排気弁を閉じて気圧を上げて圧縮機が自動で停止することを常用および予備機について確認する．

(4) 圧縮空気発生装置空気タンク安全弁動作試験

圧縮機を連続運転して安全弁が整定値で動作することを確認する．

(f) 水素および密封油関係保護装置試験

水素冷却発電機にとっては，水素ガスおよび密封油関係の保安装置の試験は非常に重要なものである．水素ガスは空気よりも軽く，漏れやすいので各部溶接部，配管接続部，その他全般について気密を試験する．

また水素関係制御装置の密封油制御装置には保安警報装置が付属されている．

火力発電所の現場では密封油系統の調整，ガス漏えい試験，水素ガス制御系統の調整試験を行い，上記の保安装置について作動値をタービン盤または水素盤で警報によって確認する．

(g) 固定子冷却関係保護装置試験

固定子冷却関係保護装置試験

発電機固定子巻線を水で内部冷却する形の発電機の場合は，その固定子冷却装置の制御系統の警報表示試験および冷却装置故障によるタービンランバック試験を行う．

(1) 固定子冷却装置制御盤警報動作試験　固定子冷却装置に異常を生じた場合，これを検出して継電器が動作することにより，警報および表示が正しく行われるか，また予備冷却水ポンプが自動始動するかを確認するための試験である．この試験の例を**表10・3**に示す．

(2) 固定子冷却装置故障によるタービンランバック試験　内部水冷却形の発電機は，ある出力以上で運転中に固定子冷却装置が故障して，冷却水の流量が減少するか，冷却水温度が高くなると，タービンランバック継電器が働いてタービン出力を1/3負荷程度まで自動的にすみやかに減少して，タービン発電機の運転を継続できるようになっている．これを確認する試験である．

10·3 電気関係の検査・試験

制御盤警報動作試験

表 10·3 固定子冷却装置制御盤警報動作試験例

名　称	試　験　方　法	設　定　値	結果	備考
入 口 流 量 減	運転中の冷却水ポンプを停止する．	340l/min		
入 口 圧 力 低	〃	1.1kg/cm^2		
入 口 温 度 高	制御盤取付メータリレーの設定針を移動する．	47℃		
出 口 温 度 高	〃	90℃		
タービンランバック	タービンランバック試験の際確認する．	入口圧0.9kg/cm^2 入口流量250l/min 出口温度95℃		
ポンプ吐出圧低	運転中の冷却水ポンプを停止する．	5.9kg/cm^2		
予 備 ポンプ 始動	Aポンプを手動運転中，BポンプCSが自動位置にあるときAポンプを停止する．	〃		
電導度 ＞0.5μS/cm	BTG盤裏面取付電導記録計の指針を移動する	0.5μS/cm		
電導度 ＞9.9μS/cm	〃	9.9μS/cm		
貯水槽水位高低	レベルスイッチを高および低位置に移動する．	高：上窓中心線より ＋100mm 低：上窓中心線より －100mm		
冷却水ポンプトリップ	運転中のポンプの 49Xリレーを作動させる．	294A		

上記警報は冷却水盤にてターゲット表示・ベル警報を行うとともにBTG盤へ「固定子冷却装置故障」の故障表示を行う．

所内母線（電源）切換試験

(h) 所内母線（電源）切換試験

電気事業用の火力発電所においては所内電力は主発電機に直結された所内変圧器から受電するが，主機の始動時や停止時には始動変圧器を通じて受電するようになっている．ただ一般に所内母線は所内変圧器と始動変圧器の両者から並列に電源の供給をうけないようにインタロックされていて，運転中所内電源や主機の事故が発生すれば，所内母線は所内変圧器からの受電CB（遮断器）はトリップし，新しく始動変圧器から受電している共通母線からの受電CBが投入する．始動変圧器が事故の場合も同様の考え方でCBの切換が行われる．この切換試験は以上の動作を確認するもので，人為的に事故原因を作って継電器を働かせて試験する．

一般に官庁検査時はつぎの方法が行われる．

・主機の始動時および停止時に行う母線切換（手動操作）

・発電機閉そく継電器，あるいは送電線の短絡，地絡保護継電器の動作による母線の自動切換

総合インタロック試験

(i) 総合インタロック試験（BTG総合インタロック試験）

火力発電所のボイラ，タービンおよび発電機などの主要機器は，その保安装置が相互に連系されており，主要機器の中のある箇所に異常を生じた場合，すみやかにこれを検知して必要な場合はただちにすべての主要機器の運転を自動停止して，機器の損壊を最小限にくいとめるようになっている．

10 火力発電所の試験

このインタロックは発電所によって若干の差はあるが，発電機事故の場合は発電機，タービンおよびボイラを，タービン事故の場合は発電機，ボイラを，ボイラ事故の場合はボイラのみ，あるいは発電機，タービンを遮断するようになっている．

したがってこの試験においては，最初に原因となる事故を模擬して与えて，主要機器の保護装置が一貫して所定のインタロックおよびシーケンスどおりに動作して必要な箇所の遮断器，弁などの開閉を所定の時間内に行うかを確認する．

調速機試験　(j) **調速機試験**（負荷遮断試験）

調速機試験と同時に電気関係では自動電圧調整器，過電圧遮断装置を有する場合は正規の状態に装置して試験する．**表10・4**は試験記録の一例を示す．

表10・4　調速機試験記録（発電機関係）

負荷 [kW]	3/4 (57 000)			4/4 (75 000)		
区　分	負荷時	最大値	整定	負荷時	最大値	整定
力率 [%]	98.3			96.5		
発電機電圧 [V]	13 500	13 800	13 600	13 700	14 200	13 700
発電機周波数 [Hz]	60	63	61	60	64.3	61
主励磁機電圧 [V]	185	119	119	237	115	125
〃　電流 [A]	430	280	290	530	280	290
回転数 [rpm]	3 600	3 840	3 670	3 610	3 920	3 680
系統電圧 [kV]	105	102	102	105	98	100
〃　周波数 [Hz]	60	59.25	59.83	60	59.19	59.83
発電機電圧上昇率 [%]		2.22			3.66	
速度上昇率 [%]（オシロより）		5.83			7.62	

表10・2および**表10・4**のうちに示されている速度上昇率および電圧上昇率に関する定義はつぎのとおりである．

最大速度上昇率

$$最大速度上昇率 = \frac{b-a}{R} \times 100 < 10\%$$

整定速度上昇率

$$整定速度上昇率 = \frac{c-a}{R} \times 100 < 4\%$$

ただし　a；遮断前の回転数
　　　　b；瞬時最大回転数
　　　　c；整定回転数
　　　　R；定格回転数

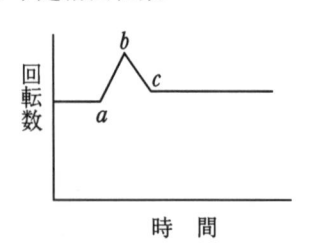

10·3 電気関係の検査・試験

なお電圧上昇率は

$$電圧上昇率 = \frac{過渡最高電圧 - 負荷時電圧}{定格電圧} \times 100 \,[\%]$$

負荷試験

(k) 負荷試験（出力試験）

電気関係の竣工検査は，ボイラ・タービンと同時に実施されるもので，発電機，変圧器などの電気機器の最大出力時における温度上昇の試験が主であるが，一般に出力試験をかねて行われる．

出力試験

出力試験は発電所全体の電動力設備，電気機器および機械器具が連続して設計出力の発生に支障がないかどうか確かめるために行うものである．試験出力は設備増設の場合でも，発電所最大認可出力について行い，増設部分の設備については極力その定格出力で運転するようにする．また負荷は普通実負荷による．図10·4は発電機温度上昇試験の一例を，図10·5は主変圧器の温度上昇試験の一例を示す．

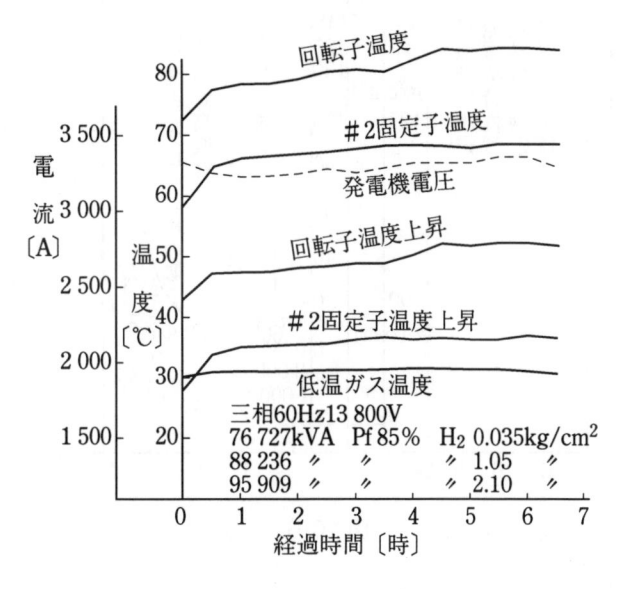

図 10·4 発電機温度上昇試験記録

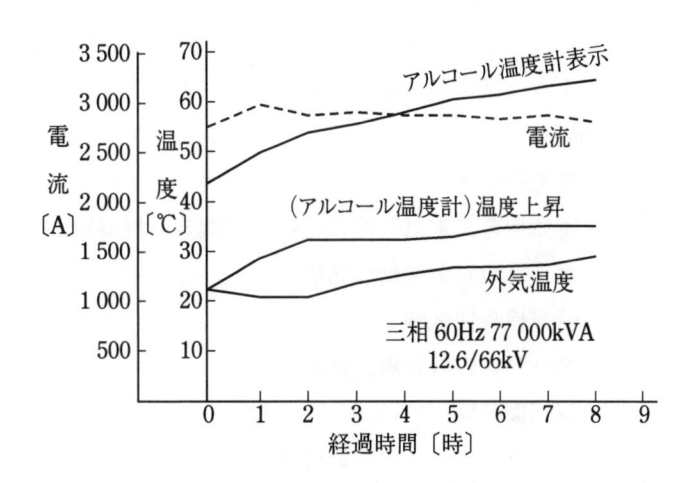

図 10·5 主変圧器温度上昇試験記録

非常用予備発電装置試験

(l) 非常用予備発電装置試験

火力発電所においては，外部の電力系統の事故などによってタービン発電機がトリップして，所内電源をそう失する恐れのある場合がある．このような場合に照明，

10 火力発電所の試験

ターニングギア，発電機の水素ガス密封油系統などの最小限度必要な負荷のための電源を確保するため，非常用発電装置を設置する場合が多い．この発電装置に対する検査の項目をつぎに示す．

(1) 保護装置警報試験
(2) 自動始動試験
(3) 非常停止試験
　・過速度によるトリップ
　・冷却水断水によるトリップ
　・発電機の過電流あるいは過電圧によるトリップ

負荷試験　(4) 負荷試験

竣工検査日程　なお図10・6は竣工検査日程の一例を示す．

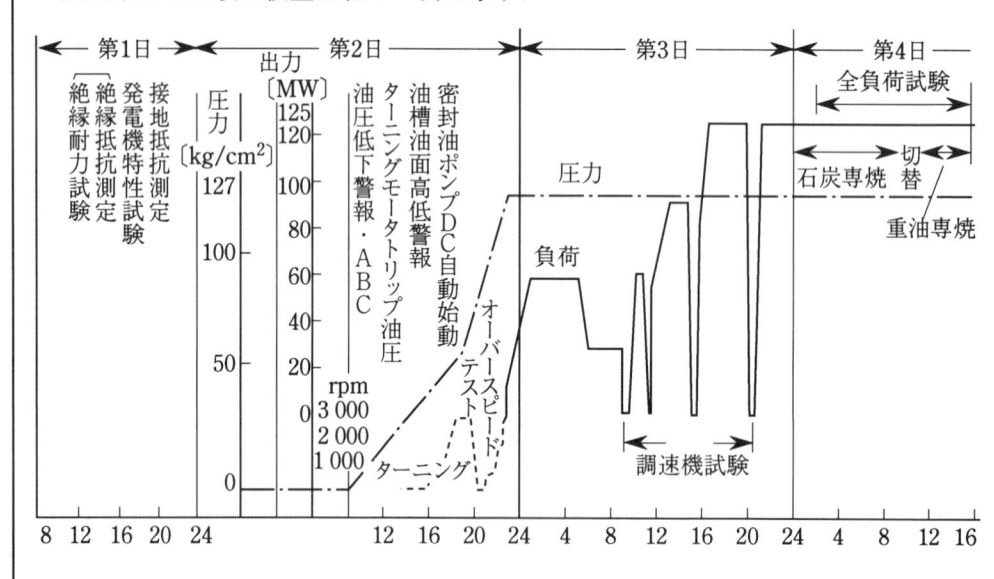

図10・6　新鋭火力発電所竣工検査日程表の一例

〔例題6〕火力発電所が落成した場合に行うべき主要な試験の種類を，実施の順序にあげて簡単に説明せよ．なお発電機に水素冷却発電機を使用する場合は，さらにどのような試験が必要であるかを述べよ．

〔略解〕
・接地抵抗測定
・電気機器，電気回路の絶縁抵抗測定，絶縁耐力試験
・ボイラの安全弁動作試験
・発電機特性試験
・タービンの非常調速機試験
・調速機試験
・ボイラ・タービンの負荷試験および発電機，変圧器の温度上昇試験
・その他継電器の動作試験，自動装置の調整試験また水素冷却発電機の場合は水素の漏えい試験，各保安装置の試験があるが，これらについては，本文中に述べたとおりで詳細な説明は省略する．

11　火力発電所の性能向上と今後

11·1　ユニット容量の変遷

ユニット容量　図11·1は9電力会社が発足してからの国内事業用火力発電所のユニット容量の変遷を示す．昭和26年には戸畑火力発電所の53MWが最大であったものが，昭和30年代に入って新鋭火力が登場して66MW，75MWから次々に容量が増大して，超臨界圧の蒸気条件の採用と相まって500MW以上のものが出現し，現在（平成11年現在）では1 000MWのものが登場し，平成12年には橘湾1号機の1 050MWが運開することになっている．

容量の変遷

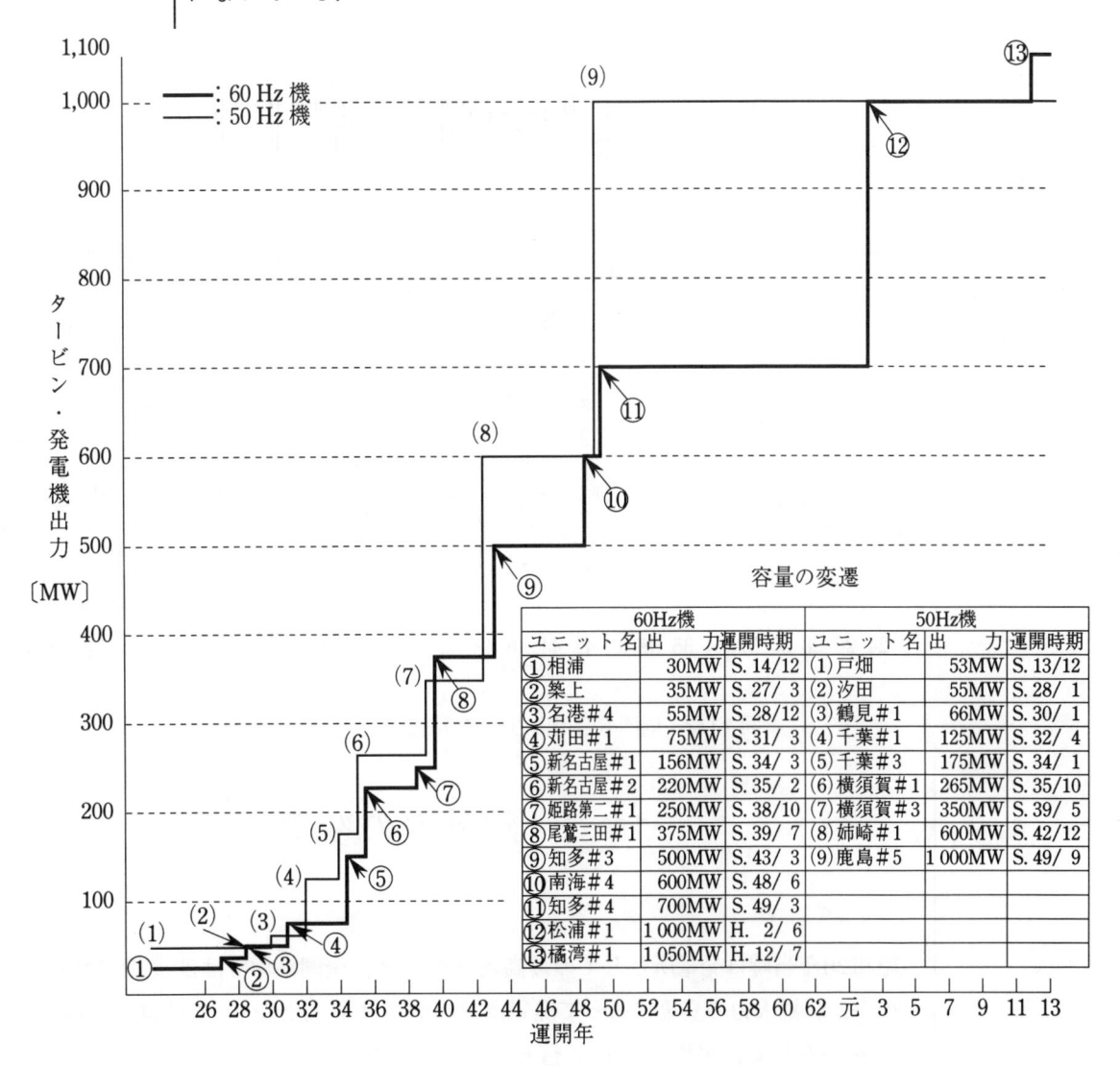

60Hz機			50Hz機		
ユニット名	出　力	運開時期	ユニット名	出　力	運開時期
①相浦	30MW	S. 14/12	(1)戸畑	53MW	S. 13/12
②築上	35MW	S. 27/ 3	(2)汐田	55MW	S. 28/ 1
③名港#4	55MW	S. 28/12	(3)鶴見#1	66MW	S. 30/ 1
④苅田#1	75MW	S. 31/ 3	(4)千葉#1	125MW	S. 32/ 4
⑤新名古屋#1	156MW	S. 34/ 3	(5)千葉#3	175MW	S. 34/ 1
⑥新名古屋#2	220MW	S. 35/ 2	(6)横須賀#1	265MW	S. 35/10
⑦姫路第二#1	250MW	S. 38/10	(7)横須賀#3	350MW	S. 39/ 5
⑧尾鷲三田#1	375MW	S. 39/ 7	(8)姉崎#1	600MW	S. 42/12
⑨知多#3	500MW	S. 43/ 3	(9)鹿島#5	1 000MW	S. 49/ 9
⑩南海#4	600MW	S. 48/ 6			
⑪知多#4	700MW	S. 49/ 3			
⑫松浦#1	1 000MW	H. 2/ 6			
⑬橘湾#1	1 050MW	H. 12/ 7			

図 11·1　国内事業用発電所のユニット容量の変遷

11・2 蒸気条件の変遷

蒸気圧力　図11・2は蒸気圧力と温度の変遷を示す．昭和26年当時は42kg/cm²であったものが，昭和30年に88kg/cm²が採用された．これが新鋭火力のはしりであるが，その後，100kg/cm²を超え昭和42年には246kg/cm²のいわゆる超臨界圧力が採用されて，平成元年には超々臨界圧力である316kg/cm²が採用された．今後しばらくはこの圧力が大容量機の主流となるものと思われる．

蒸気温度　蒸気温度については圧力の高くなるのに連動して450℃から538℃，さらに610℃の高温が採用されている．図11・2にこの変遷状況を示す．

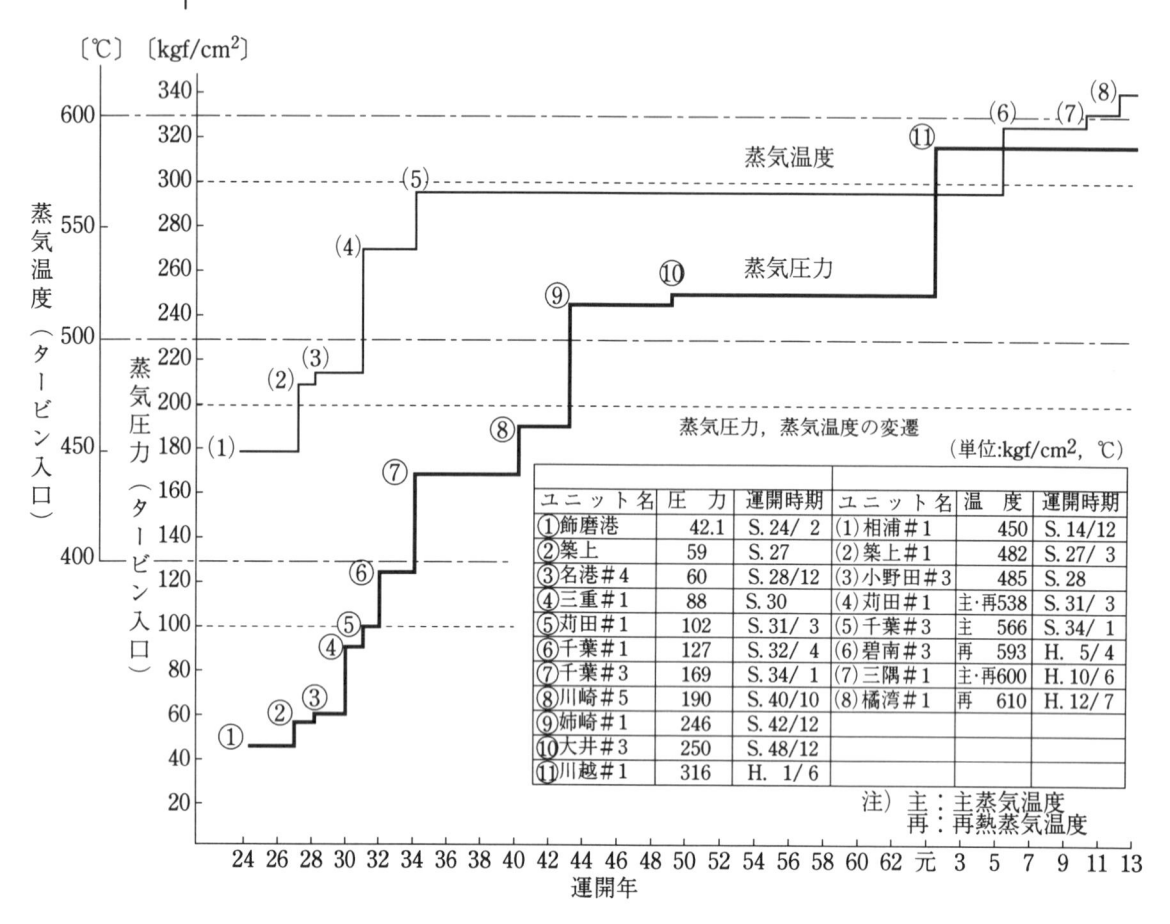

蒸気圧力，蒸気温度の変遷

（単位：kgf/cm², ℃）

ユニット名	圧力	運開時期	ユニット名	温度	運開時期
①飾磨港	42.1	S. 24/ 2	(1)相浦#1	450	S. 14/12
②築上	59	S. 27	(2)築上#1	482	S. 27/ 3
③名港#4	60	S. 28/12	(3)小野田#3	485	S. 28
④三重#1	88	S. 30	(4)苅田#1	主・再538	S. 31/ 3
⑤苅田#1	102	S. 31/ 3	(5)千葉#3	主 566	S. 34/ 1
⑥千葉#1	127	S. 32/ 4	(6)碧南#3	再 593	H. 5/4
⑦千葉#3	169	S. 34/ 1	(7)三隅#1	主・再600	H. 10/ 6
⑧川崎#5	190	S. 40/10	(8)橘湾#1	再 610	H. 12/ 7
⑨姉崎#1	246	S. 42/12			
⑩大井#3	250	S. 48/12			
⑪川越#1	316	H. 1/ 6			

注）主：主蒸気温度　再：再熱蒸気温度

図11・2　国内事業用火力発電の蒸気条件の変遷

11・3　熱効率の変遷

昭和26年当時は発電所としての最高効率が25％，全国平均では20％以下であったものが，新鋭火力の登場によって発電所での最高は37％となり，昭和40年度には最高が39％を超え，平均では37％台となり，昭和50年代になると最高は40％を超え

ることとなった．これはコンバインドサイクル採用による効率アップである．平成11年度では，ユニットでは50％を超えるコンバインドサイクル機が運転を始めてい

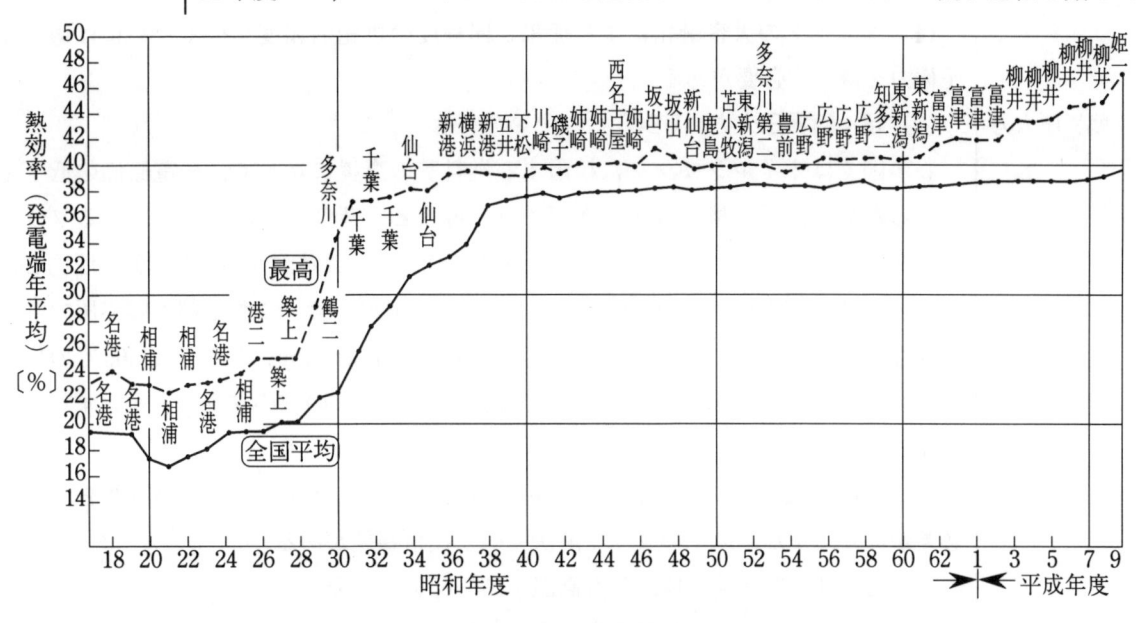

図11・3　わが国の事業用発電所の熱効率の変遷

る．今後はコンバインドサイクルでガスタービン入口ガス温度が1 500℃というものが主流になるものと考えられる．図11・3は熱効率の変遷を示す．

11・4　火力発電所の今後

(1) 大容量化と高温・高圧化

単機容量1 000MW，蒸気圧力25.9MPa（264kg/cm^2），または31MPa（316kg/cm^2），蒸気温度500～613℃が大容量機の主流になるものと考えられる．しかしコンバインドサイクル発電のユニットが増加していくと思われるけれども，ガスタービン入口のガス温度は1 500℃が採用されるであろうし，合成容量も800MW以上のものが主流になるものと考えられる．また熱効率も当然50％を超えるものと思われる．

大容量　　　このように大容量高温高圧化する場合の利点は
高温高圧化　(1) ユニットを大容量化すれば建設単価を低減することができる．
(2) 高温高圧化することにより，熱効率は向上し，それだけ経済的なユニットの建設が可能となる．
(3) 大容量化により単位出力あたりの用地面積は小さくなるため用地利用度が高くなる．この点，用地取得難に対して相当の利点がある．
(4) 大容量ユニットからなる大規模発電所はその管理省力化の面から有利となる．
しかしその反面つぎのような問題点がある．
(1) ユニット大容量化はそれが系統から脱落したときの系統周波数の変化によりその上限が制約される．
(2) ユニット容量の増大とともに機器の単位慣性定数が低くなるほど機械，電気

11 火力発電所の性能向上と今後

的特性が従来機種と変化するため系統安定度は一般に悪くなる傾向にある．

(3) ユニットの大容量化に伴い事故率，定期保修日数は大きくなる傾向にある．

(4) ユニットの大容量化により従来と同程度の供給信頼度を得るためには適正な予備力を持たす必要がある．

(2) 超々臨界圧火力（USC）

わが国ではオイルショックに起因する燃料費の高騰に対して，発電原価の低下をはかるために，低価格海外炭だきボイラの導入と，蒸気条件の高度化によるプラント効率の向上がはかられた．このために検討された蒸気条件は超臨界圧力246 kg/cm^{2}を超える316～351kg/cm^2，温度は566～649℃で，これを超々臨界圧力の蒸気条件と称している．わが国では平成元年6月に316kg/cm^2，566/566/566℃の川越火力1号機が運開しているが，単機大容量機の場合はこの種のプラントがいずれ主流となると考えられる．

しかし超々臨界圧プラントの効率向上のためには，できるだけ再熱段数を増やす必要があり，また，以下のような解決すべき技術課題がある．

(1) 信頼性・経済性に優れる耐高温・高圧材料の開発
(2) ボイラチューブの高温腐食・水蒸気酸化対策
(3) タービン高圧部のシール技術開発

USCの導入にあたっては，3段階の導入ステップが考えられており，フェーズ0については中部電力川越火力1・2号機において世界初の大容量商用プラントとして実用化された．（表11・1参照）

表11・1　超々臨界圧プラント開発ステップの例

	現　　状	開　発　目　標		
		フェーズ0	フェーズ1	フェーズ2
主蒸気温度	538℃	566℃	621℃	649℃
主蒸気圧力	246kg/cm^{2}g	316kg/cm^{2}g	316kg/cm^{2}g	352kg/cm^{2}g
設計効率	41.5%	43.0%	43.9%	44.4%
年平均送電端効率	36.7%	38.1%	38.9%	39.3%
効率向上（相対値）	ベース	4.0%	6.0%	7.0%

しかし，USCは競合する発電方式が多数存在し，特にLNGだきの場合コンバインドサイクルプラントとの比較が必要である．

しかし，石炭だきの場合は，次世代の石炭を燃料とする発電方式である加圧流動床ボイラ複合発電等との組合せによる高効率化技術としての期待もある．

(3) 石炭ガス化複合発電（IGCC）

IGCCは，埋蔵量が豊富で安価な石炭を高効率に利用する新技術の一つで，石炭をガス化・精製してクリーンな燃料とし，この石炭ガスを燃料とするガスタービンと蒸気タービンを組合わせてコンバインドサイクルプラントを構成するものである．

環境面においてもCO_2発生量の減，温排水量の減，灰処理の容易性など，環境保全性にも優れた発電方式である．

IGCCの主な技術開発課題としては次のようなものがある．

・ガス化炉の開発
・ガス精製装置の開発

11·4 火力発電所の今後

|ガス化炉| ・石炭ガス化用高温ガスタービンの開発
・プラントシステム技術の開発

ガス化炉の形式としては，固定床，流動床，噴流床，溶融床などがあり，国内においては，流動床，噴流床に関する開発が進められてきたが，大容量化にあたっては，噴流床が有望と考えられている．

|加圧流動床ボイラ複合発電|

(4) 加圧流動床ボイラ複合発電（PFBC）

加圧流動床ボイラ複合発電は，加圧流動床ボイラと複合発電プラントを組合わせたもので，加圧流動床ボイラで発生する高温・高圧ガスでガスタービンを駆動し，加圧流動床ボイラとガスタービンの後段に設けられる排熱回収ボイラで発生する蒸気で蒸気タービンを駆動して発電するシステムである．

|加圧流動床ボイラ|

加圧流動床ボイラは，800～900℃程度の低温でしかも6～20気圧の加圧ふいん気下で流動床燃焼を行うことから下記のような特徴をもっている．

・伝熱係数が高く，ボイラ寸法を小さくすることができる．
・流動床のベッド材として石灰石などを用いることにより，炉内脱硫が可能である．
・灰溶融に伴うトラブル発生の懸念がないことから，広範囲の石炭を使用できる．
・燃焼温度が低いことから，NOxの発生量も少ない．
・ガスタービン翼のアルカリ腐食および灰処理量増加への対策が必要となる．

PFBCは，従来の微粉炭だきボイラに比べれば高効率化がはかれ，脱硫装置等も省略できるなどの利点があるが，ガスタービン入口ガス温度が比較的低いことから，より一層の高効率化にはやや問題があると考えられる．

また，ボイラが耐圧容器となることから，解決すべき技術的課題もある．

|1500℃級高効率ガスタービン|

(5) 1500℃級高効率ガスタービン（AGT）

汽力発電プラントの高効率化は，燃料使用量抑制によるCO_2発生量抑制効果があり，現状レベルでの地球環境保護対策ということができる．

|コンバインドサイクルプラント|

LNGだき汽力発電プラントの高効率技術として脚光を浴びているのが，高効率ガスタービン（AGT）と蒸気タービンとを組合せたコンバインドサイクルプラントである．

一般に，ガスタービンの高効率化をはかるためには，タービン入口温度と圧力比の上昇が有効であるが，産業用ガスタービンの場合はタービン入口温度の上昇が高効率化の手段となる（表11·2参照）．AGTの開発では，実績が豊富で信頼性の高い金属材料を燃焼器・動静翼等の高温部品に用いて，タービン入口ガス温度1500℃級，ガスタービン単体出力200MW級，このときのコンバインド効率50％以上を達成できる．

表11·2 改良型複合発電プラントの熱効率

ガスタービン 入口ガス温度	複合発電熱効率 （HHV）基準
1100℃級（現状）	42～44％
1300℃級（〃）	約46～48％
1400℃級	約47～50％
1500℃級	約48～50％以上

今後の技術開発すべき点は図11·4に示すとおりである．

11 火力発電所の性能向上と今後

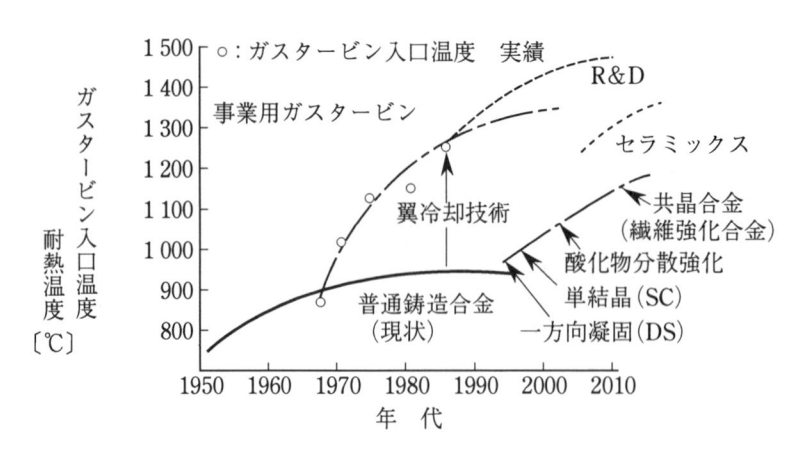

図 11·4 高効率ガスタービン関連技術

〔例題7〕石炭と重油とを混焼する認可出力175MWの火力発電所を建設しこれに要した建設費総額は110億円であった．これの過去1か年間の運転実績を集計したものは次表のとおりである．

最大電力（発電機端子）	175 000 kW
発生電力量（発電機端子）	10 400 000 000 kWh
所内電力消費量	62 000 000 kWh
石炭消費量（乾炭）	300 000 ton
重油消費量	73 500 kl
石炭の平均発熱量（乾炭）	5 800 kca/kg
重油の平均発熱量	10 000 kca/l
発電所渡しの燃料平均単価　石炭（乾炭）	5 000 円/t
重油	7 500 円/kl
金利償却などの資本費率	13.5 %
資本費および燃料費を除く諸経費合計	185 000 000 円

この実績からつぎの各項目の値を算出せよ．ただし，有効数字3桁を取り4桁目は四捨五入するものとする．

(1) 年平均の発電設備利用率〔%〕
(2) 所内用電力消費率〔%〕
(3) 発電機端子における熱効率〔%〕
(4) 発電所出口におけるkWhあたり燃料費〔円/kWh〕
(5) 発電所出口におけるkWhあたり電力原価〔円/kWh〕

〔解答〕

(1) 年平均の発電設備利用率

$$利用率 = \frac{発生電力量〔kWh〕}{認可出力〔kW〕\times 365日 \times 24時間} \times 100 〔\%〕$$

$$= \frac{1\,040\,000\,000}{175\,000 \times 365 \times 24} \times 100\% = 67.8 〔\%〕$$

(2) 所内用電力消費率

$$所内用電力消費率 = \frac{所内電力消費量 [kWh]}{発生電力量 [kWh]} \times 100 \; [\%]$$

$$= \frac{62\,000\,000}{1\,040\,000\,000} \times 100\% = 5.96 \; [\%]$$

(3) 発電機端子における熱効率

$$熱効率 = \frac{860 \text{kcal/kWh} \times 発生電力量 [kWh]}{発電用消費燃料発熱量合計 [kcal]} \times 100 \; [\%]$$

$$= \frac{860 \times 1\,040\,000\,000}{(300\,000 \times 10^3 \times 5\,800) + (73\,500 \times 10^3 \times 10\,000)} \times 100\%$$

$$= 36.1 \; [\%]$$

(4) 発電所出口における kWh あたりの燃料費

発電所出口における kWh あたりの燃料費 [円/kWh]

$$= \frac{総燃料費 [円]}{発電所出口の電力量 [kWh]}$$

$$= \frac{\{石炭消費量[トン] \times 平均石炭単価[円/トン]\} + \{重油消費量[kl] \times 平均重油単価[円/kl]\}}{発電所出口の電力量 [kWh]}$$

$$= \frac{(300\,000 \times 5\,500) + (73\,500 \times 7\,500)}{1\,040\,000\,000 - 62\,000\,000}$$

$$= \frac{2\,201\,250\,000}{978\,000\,000} = 2.25 \; [円/kWh]$$

(5) 発電所出口における kWh あたりの電力原価

発電所出口における kWh あたりの電力原価 [円/kWh]

$$= \frac{(総燃料費) + (金利償却等の資本費) + (その他の諸経費)}{(発生電力量) - (所内用電力量)}$$

$$= \frac{2\,201\,250\,000 + 11\,000\,000\,000 \times 0.135 + 185\,000\,000}{1\,040\,000\,000 - 62\,000\,000}$$

$$= \frac{3\,871\,250\,000}{978\,000\,000} = 3.96 \; [円/kWh]$$

演習問題

〔問題1〕 汽力発電所が完成したとき行う主な試験5種類をあげ，それぞれの目的を説明せよ．

〔問題2〕 電気事業者が最大50 000 kWの汽力発電所を建設するにあたり，その発電所の営業運転を開始するまでに電気関係の法令上電気事業者において必要とする手続と，受ける検査について述べよ．

〔問題3〕 5 700 kcal/kgの石炭を150 ton消費して200 000 kWhを発電したときの発電所の効率は約何〔％〕か．　　　　　　　　　　　　　　　　　　　　　（答　20％）

〔問題4〕 発電電力量E〔kWh〕，燃料消費量W〔kg〕，燃料の発熱量C〔kcal/kg〕としたとき，火力発電所の熱効率〔％〕は． $\left(答\ \dfrac{860E}{WC}\times 100\right)$

〔問題5〕 最近の汽力発電所の効率向上における傾向について述べよ．

〔問題6〕 大容量汽力発電所の熱効率を増進するためには，設計上どんな点を考えなければならないか．

〔問題7〕 汽力発電所の熱効率の向上のために採用されている各種の対策をあげ，わが国の現状において常用発電所の実際上の設計にあたりいかなる程度まで実施できるかにつき意見を述べよ．

〔問題8〕 わが国の現状において汽圧，汽温のとくに高い電気事業用の汽力発電所を計画するにあたり，考慮される事項について述べよ．

〔問題9〕 汽力発電所を建設する場合，使用燃料の種類および品位により，計画および設計上どんな点に相違があるか．

〔問題10〕 わが国の事業用火力発電所には非再熱式と再熱式とが採用されているが，この両方式の発電所について，設計，運転，保守，経済性等について，比較検討せよ．

〔問題11〕 最近，わが国で建設される新鋭火力の蒸気条件および発電効率につき述べよ．

演習問題

〔問題12〕わが国における設備容量100 000〔kW〕の常用火力発電所の最近の設計ではタービン発電機2台の場合，ボイラ気圧は□□□〔kg/cm²〕，気温□□□〔℃〕，缶数□□□台，1缶の蒸発量□□□〔t/h〕が普通である

〔問題13〕次の各項目について，これらが汽力発電所の熱効率に及ぼす影響を述べ，かつその理由を説明せよ

　　（イ）蒸気圧力　　　　　（ロ）蒸気温度　　　　（ハ）復水器の真空度
　　（ニ）抽気による給水加熱　（ホ）蒸気の再熱

〔問題14〕現在の新鋭火力発電所の蒸気の圧力，温度，総合効率の概略値を述べよ．また，発電所の総合効率を向上させるために考慮すべき事項を述べよ．

〔問題15〕蒸気タービン，ボイラの始動順序と注意事項をあげて説明せよ．

〔問題16〕火力発電所の急速始動について述べ，急速始動の際の危険防止に対する対策について述べよ．

〔問題17〕汽力発電所の汽機および汽缶は，急激な汽□□□の変化により不均一な□□□を受ける．このため□□□および□□□はできるだけ避けた方がよい．最近の大容量汽力発電所では，その影響は汽□□□より汽□□□に対するものが大である　　　　　　　　（答　水温度，熱応力，急激な負荷変化，始動，停止，機，缶）

〔問題18〕周波数が10％程度低下したとき水力および火力の運転に及ぼす影響と注意すべき事項について述べよ．

〔問題19〕送電系統の周波数が規定周波数より低下した場合には汽力発電所においてどのような不都合を生じるかを説明せよ．

〔問題20〕50Hzに設計された発電所を60Hzに使用しようとする場合，発電所の各種機器に対し，いかなる考慮を払うべきか．

〔問題21〕わが国の事業用火力発電所には非再熱式と再熱式とが採用されているが，この両方式の発電所について，設計，運転，保守，経済性等について，比較検討せよ．

〔問題22〕火力発電所の再熱タービンについて，運転保守上，毎日その動作を吟味しなければならない箇所をあげ，その理由を説明せよ．

〔問題23〕大送電系統において規定周波数を保持するために，調整用発電所として汽力発電所による場合と水力発電所による場合とを比較し，それぞれの得失をあげ，その具備すべき諸点を説明せよ．

演習問題

〔問題24〕大電力系統において周波数と電圧とを一定に保持するためには，これに接続する発電所は設計上いかなる考慮を要するか．

〔問題25〕最近の大電力系統の運用について，経済性向上あるいは周波数変動その他のサービス条件の向上を目的として設置される給電施設のうち，おもなものについて簡単に説明せよ．

〔問題26〕電力系統の周波数自動調整の基本方式を説明し，あわせて系統運用上これに関連する事項について知るところを記せ．

〔問題27〕大容量（75 000～220 000kW）火力発電設備の最低負荷運転および急速始動に関して主としてつぎの事項について意見を述べよ．
(1) タービン，発電機およびボイラの急速始動にあたり考慮すべき事項をあげて説明せよ．
(2) タービンおよびボイラの最低限度となる要素をあげて説明せよ．

〔問題28〕発電所または変電所の運転および保守上留意すべき主な事項をあげてこれを説明せよ．

〔問題29〕電気事業用の新鋭火力発電所について下記の問いに答えよ．
（イ）事故などによって系統の周波数が低下してそのまま低サイクル運転を継続するときは運転および保守の面で設備にどのような支障をきたすか．また支障があるとすれば，それに対してどのような措置をとることが望ましいか．
（ロ）全負荷で運転中に，突然単独運転となる場合がある．このようなことが予想される場合には，あらかじめどのような措置が望ましいか，また単独運転中にその負荷が変動する場合には，運転上どのような注意が必要か．

〔問題30〕火力発電所で自動周波数制御（AFC）を行う場合の問題点を列記せよ．

〔問題31〕最近電力系統の増大，電力系統相互間の連係に伴い，自動周波数制御が実施されている．現在実施されている自動周波数制御方式を二つあげて簡単に説明せよ．

〔問題32〕電気施設の運転保守規程は，どのような目的で設けられるのか，また同規程において規定すべき主な事項について述べよ．

〔問題33〕電力系統の運用において，自動周波数調整装置による周波数調整にあてられる発電所の具備すべき条件を述べよ．

〔問題34〕汽力発電所において，ボイラおよびタービンの始動に際し注意すべき事項を列挙せよ．

演習問題

〔問題35〕汽力発電所を安全に停止するために，無電源になってはならない所内補機を列記し，その理由を簡単に述べよ．また，発電所が外部系統事故のために送電系統から解列し，上記所内補機に対する通常の所内電源よりの供給が停止した場合におけるバックアップ方法を記せ．

〔問題36〕火力発電所において頻繁な始動停止を行う場合に制約となる要因を挙げ，説明せよ．

〔問題37〕大形汽力発電設備は通常高負荷連続運転をめざしているが，最近，負荷追従運転の必要性が強まっている．大形汽力発電設備がこれまで負荷追従運転に適当でないとされている理由と，負荷追従運転するために，また，さらに高頻度始動停止（DSS）を行うために改善すべき設備上の対策について述べよ．

〔問題38〕汽力発電所および原子力発電所において採用される所内単独運転について知るところを述べよ．

〔問題39〕系統事故により周波数が大きく変動した場合，運転中の汽力発電所はどのような影響を受けるのか，周波数が上昇した場合と低下した場合のそれぞれについて説明せよ．

〔問題40〕タービン発電機運転中に，つぎの事象が生じた場合，タービンまたは発電機にそれぞれどのような影響があるか説明せよ．
(1) 異常な周波数低下が生じた場合
(2) 異常な進相運転が行われた場合

〔問題41〕中容量火力ユニットでのDSS（Daily Start and Stop またはDaily Start and Shut Down）運転の必要性とDSS運転に当たっての留意事項について述べよ．

〔問題42〕汽力発電における変圧運転の概要と，変圧運転時の熱効率特性を定圧運転時と比較して述べよ．

〔問題43〕ボイラの損失として代表的なものには，下記に示す5つがある．これらについて解答欄に簡単に説明しなさい．（各項目ごと100字以内でまとめること．）
(a) 未燃分損失
(b) 不完全燃焼による損失
(c) 排ガス損失
(d) 排気中の水蒸気の蒸発熱による損失
(e) 放射伝熱損失

〔問題44〕汽力発電所の容量は，しだいに大規模になる傾向にあるが，その得失について述べよ．

〔問題45〕最近におけるわが国の火力発電の技術的進歩の状況につき，容量，蒸気圧力，蒸気温度，熱効率に関して述べよ．

〔問題46〕火力発電において，高い発電効率をうる方法として実現の可能性の大きいものは．

〔問題47〕大容量の新鋭汽力発電所の建設が最近容易になったが，これの要因として考えられる技術的進歩について，ボイラ，タービンおよび発電機別にその概要を説明せよ．

〔問題48〕超臨界圧を採用するにあたって期待される点ならびに主な問題点について述べよ．

〔問題49〕つぎのような3種類の発電方式による電力原価を比較し，それぞれの計画がもっとも経済的となる年間設備利用率または換算負荷継続時間の範囲を示せ．ただし，水力発電所の流量は常時十分あるものと仮定する．

	水 力	汽 力	内燃力
建設費〔円/kW〕	120 000	60 000	75 000
運転経費〔円/kWh〕	0.3	3.5	2.7
固定経費（建設費に対する比率　年%）	14	16	16

〔問題50〕超臨界圧汽力発電所について説明し，かつ従来建設されている，いわゆる新鋭火力発電所と比べその得失を述べよ．

索引

英字

1500℃級高効率ガスタービン	75
AFC	20
DSS運転	11
FCB	18
$i-s$線図	44

ア行

油タンク	31
油清浄器	31
安定燃焼	18
安全弁作動試験	59
異周波数運転	13
運転限度	15
温度上昇	16

カ行

ガス化炉	75
加圧流動床ボイラ複合発電	75
火炎検知器	31
火災	32
火災検出器	33
過剰空気	50
改良工事	25
官庁検査	57
貫流ボイラ	8
基本負荷変動	21
急速始動	3, 8, 15, 16
給水ポンプ	26, 29
給水温度	46, 50
許容負荷限度値	23
クリーンアップ	9
警報装置試験	60
減圧運転	51
固定子冷却関係保護装置試験	66
固有振動数	27
コンバインドサイクルプラント	75

サ行

再熱再生サイクル	47
最大速度上昇率	68
最低出力運転	14
最低負荷限度	14, 15
作業日数	24
使用前検査	59
始　動	3, 5, 6
始動バイパス系統	8
始動パターン	2
始動準備	3, 4, 5
自動周波数制御	21
遮断器関係試験	66
修正係数	49
修繕工事	25
周波数低下	26
週末停止始動（WSS）	2
重・原油タンク	33
重油ポンプ	30
出力試験	69
竣工検査	58, 63
竣工検査日程	70
所内単独運転	17
所内電力	51
所内比率	36, 46
所内母線（電源）切換試験	67
消火設備	33
蒸気タービン	13
蒸気タービンの振動	28
蒸気の再熱	46
蒸気圧力	72
蒸気温度	44, 45, 50, 72
蒸気消費率	39
振　動	27
振動負荷変動	20
深夜停止始動（DSS）	2
真空度	45

索引

真空破壊弁 31
進相運転 17
スートブロー 50
スプレィ 50
すえ付中検査 58
制御限界 15
制御盤警報動作試験 67
整定速度上昇率 68
石炭ガス化複合発電 74
接地抵抗測定 64
設計熱効率 38, 44
絶縁耐力試験 64
絶縁抵抗測定 64
全周噴射始動 17
総合インタロック試験 67
送　気 4

タ行

ターニングモータ 31
ターニング油ポンプ 31
タービン 27, 32
タービン始動時間 7
タービン室効率 35, 37
タービン室損失 56
タービン入口エンタルピー 50
タービン熱応力の減少 52
タービン保安装置 59
タービン保安装置試験 59
大容量高温高圧化 73
単位慣性定数 20
短絡特性試験 65
抽気段数 45
調速機試験 68
調速装置試験 61
超々臨界圧火力 74
長期運用計画 1
通風機 30

低負荷運転 15
停　止 4, 5, 6
定圧運転 12
定期検査 24, 63

ナ行

熱応力 11, 12, 16, 18
熱回収 45
熱管理 53
熱勘定 53
熱勘定計算 55
熱効率 35, 49, 51, 56
熱効率向上 47
熱効率低下 50
熱効率特性 13
熱消費率 39
熱損失 38
熱流線図 55
燃料消費率 39
ノモグラム 23
伸び差 11

ハ行

バックアップ 31
排ガス温度 51
発電機 14, 27, 33
発電機効率 36
発電機特性試験 65
発電所始動停止時間 7
発電所熱効率 36
非常調速機試験 61
非常停止 32
非常用予備発電装置試験 69
微粉炭機 30
微粉炭装置 29
負荷運転 4, 5, 6
負荷試験 62, 69, 70

索引

負荷遮断試験	61
負荷配分	1
負荷変動	20
負荷変動試験	22
負荷変動の限界	22
復水ポンプ	30
復水器	45
復水器真空度	50
変圧運転	12, 51
変圧器	33
ホットステート始動曲線	7
ボイラ	32
ボイラ給水ポンプ	31
ボイラ室効率	35, 37
ボイラ室損失	56
ボイラ保安装置試験	60
保安規程	58
保護装置試験	65
保証過速度	14
補助油ポンプ	30

マ行

密封油ポンプ	30
脈動負荷変動	21
無負荷特性試験	65

ヤ行

ユニットインタロック試験	61
ユニット容量	71
溶接検査	57

ラ行

利用率	46
臨界速度	14, 26
冷却水ポンプ	26, 30

d - book
火力発電所の運転と効率向上・試験

2000年11月24日　第1版第1刷発行

著　者	千葉　幸
発行者	田中久米四郎
発行所	株式会社電気書院
	東京都渋谷区富ケ谷二丁目2-17
	（〒151-0063）
	電話03-3481-5101（代表）
	FAX03-3481-5414
制　作	久美株式会社
	京都市中京区新町通り錦小路上ル
	（〒604-8214）
	電話075-251-7121（代表）
	FAX075-251-7133

印刷所　創栄印刷株式会社

ⓒ2000MiyukiChiba　　　　　　　　　Printed in Japan

ISBN4-485-42953-9　　　［乱丁・落丁本はお取り替えいたします］

〈日本複写権センター非委託出版物〉

　本書の無断複写は，著作権法上での例外を除き，禁じられています．
　本書は，日本複写権センターへ複写権の委託をしておりません．
　本書を複写される場合は，すでに日本複写権センターと包括契約をされている方も，電気書院京都支社（075-221-7881）複写係へご連絡いただき，当社の許諾を得て下さい．